运筹与管理科学丛书 41

非合作博弈 Nash 平衡实现算法

——基于群智能和学习机制的视角

贾文生 刘露萍 著

科学出版社

北 京

内 容 简 介

Nash 平衡是非合作博弈的核心概念之一, 如何实现 Nash 平衡已成为国际博弈论领域的研究热点和前沿之一. 本书主要围绕矩阵博弈、双矩阵博弈、广义博弈、主从博弈、多目标博弈、随机博弈和平均场博弈等非合作博弈模型的 Nash 平衡实现开展研究, 借鉴了群体智能和学习机制的思想, 分别设计了免疫粒子群算法、协同免疫量子粒子群算法、混沌鲸鱼黏菌算法、改进精英机制多目标遗传算法、最小化后悔值学习算法、短视调整过程学习算法等, 并深入探讨了群智能和不同学习机制实现非合作博弈模型 Nash 平衡的理论和应用. 本书内容涵盖了非合作博弈的主要模型, 特别是涵盖了关注度较高的多目标博弈、随机博弈和平均场博弈等模型, 并且融合了数学、计算科学、博弈论与信息经济学、生物学等多学科特点, 是非合作博弈模型 Nash 平衡实现方面的探索和尝试.

本书可供高等院校和研究院所数学类、计算机类、经管类专业高年级本科生、研究生和教师参阅.

图书在版编目（CIP）数据

非合作博弈 Nash 平衡实现算法 : 基于群智能和学习机制的视角 / 贾文生, 刘露萍著. -- 北京 : 科学出版社, 2025. 6. -- (运筹与管理科学丛书).
ISBN 978-7-03-080635-2

I. O22

中国国家版本馆 CIP 数据核字第 2024V9N162 号

责任编辑: 李静科 孙翠勤 / 责任校对: 彭珍珍
责任印制: 张 伟 / 封面设计: 陈 敬

科 学 出 版 社 出版

北京东黄城根北街 16 号
邮政编码: 100717
http://www.sciencep.com

北京中石油彩色印刷有限责任公司印刷
科学出版社发行 各地新华书店经销
*
2025 年 6 月第 一 版 开本: 720×1000 1/16
2025 年 6 月第一次印刷 印张: 10 3/4
字数: 208 000
定价: 88.00 元
(如有印装质量问题, 我社负责调换)

《运筹与管理科学丛书》序

运筹学是运用数学方法来刻画、分析以及求解决策问题的科学. 运筹学的例子在我国古已有之, 春秋战国时期著名军事家孙膑为田忌赛马所设计的排序就是一个很好的代表. 运筹学的重要性同样在很早就被人们所认识, 汉高祖刘邦在称赞张良时就说道: "运筹帷幄之中, 决胜千里之外."

运筹学作为一门学科兴起于第二次世界大战期间, 源于对军事行动的研究. 运筹学的英文名字 Operational Research 诞生于 1937 年. 运筹学发展迅速, 目前已有众多的分支, 如线性规划、非线性规划、整数规划、网络规划、图论、组合优化、非光滑优化、锥优化、多目标规划、动态规划、随机规划、决策分析、排队论、对策论、物流、风险管理等.

我国的运筹学研究始于 20 世纪 50 年代, 经过半个世纪的发展, 运筹学研究队伍已具相当大的规模. 运筹学的理论和方法在国防、经济、金融、工程、管理等许多重要领域有着广泛应用, 运筹学成果的应用也常常能带来巨大的经济和社会效益. 由于在我国经济快速增长的过程中涌现出了大量迫切需要解决的运筹学问题, 因而进一步提高我国运筹学的研究水平、促进运筹学成果的应用和转化、加快运筹学领域优秀青年人才的培养是我们当今面临的十分重要、光荣, 同时也是十分艰巨的任务. 我相信,《运筹与管理科学丛书》能在这些方面有所作为.

《运筹与管理科学丛书》可作为运筹学、管理科学、应用数学、系统科学、计算机科学等有关专业的高校师生、科研人员、工程技术人员的参考书, 同时也可作为相关专业的高年级本科生和研究生的教材或教学参考书. 希望该丛书能越办越好, 为我国运筹学和管理科学的发展做出贡献.

袁亚湘

2007 年 9 月

前　　言

1944 年, von Neumann 和 Morgenstern 的名著《博弈论与经济行为》中指出: "博弈论是建立经济行为理论最恰当的方法." 他们重点研究了矩阵博弈和合作博弈. 矩阵博弈是零和博弈, 这种零和思维模式有很大的局限性, 尤其是在当今世界. 1950 年, Nash 突破了 von Neumann 等的零和思维, 将矩阵博弈推广到了非零和的 N 人非合作有限博弈. 1954 年, 正是在 von Neumann 和 Nash 工作的鼓舞下, Arrow 和 Debreu 合作, 应用广义博弈平衡点的存在性定理证明了一般经济均衡的存在性定理, 产生了巨大的影响, 他们也分别获得了 1972 年和 1983 年的诺贝尔经济学奖. 自 1994 年以来, 诺贝尔经济学奖已有 8 次授予博弈论研究与应用的学者们, 他们分别是 1994 年的海萨尼 (Harsanyi)、纳什 (Nash) 和泽尔腾 (Selten), 1996 年的莫里斯 (Mirrless) 和维可瑞 (Vickrey), 2001 年的阿克尔洛夫 (Akerlof)、斯彭斯 (Spence) 和斯蒂格利茨 (Stiglitz), 2005 年的奥曼 (Aumann) 和谢林 (Schelling), 2007 年的赫维奇 (Hurwicz)、马斯金 (Maskin) 和迈尔森 (Myerson), 2012 年的罗斯 (Roth) 和沙普利 (Shapley), 2014 年的梯若尔 (Tirole), 2020 年的米格罗姆 (Milgrom) 和威尔逊 (Wilson) 等. 除 Shapley 之外, 大多数学者都在非合作博弈领域做出了突出贡献. 博弈论不仅对经济学和社会科学影响巨大, 也对包括计算机、大数据和人工智能等在内的自然科学研究产生了重大影响, 几乎渗透到科学研究的所有领域.

众所周知, Nash 均衡①是非合作博弈的核心概念之一, 经典的博弈 Nash 均衡是所有局中人在完全理性假设下达成的行为共识. 尽管后来学者提出了很多 Nash 均衡精炼解的概念, 包括 Selten 提出的子博弈论精炼 Nash 均衡、Myerson 提出的恰当均衡、Kreps 和 Wilson 提出的序贯均衡、Damme 提出的拟完美均衡、吴文俊和江嘉禾提出的本质均衡、Kohlberg 和 Mertens 提出的 KM 均衡等, 随后虽有不少改进和推广, 但都不能从根本上解决这一问题. 就现有的精炼机制而言, 要真正通过精炼来预测某一均衡解甚至均衡解集都可能无法实现. 博弈论学者 Camerer 指出: "预测多个均衡中哪一个将被选择是博弈论中最难解决的问题. 解析理论没有从根本上解决这个 '选择' 问题, 该问题很可能只有在一定量的观察基础上才可被解决." 著名学者 Fudenberg 和 2014 年诺贝尔经济学奖得主 Tirole 指出, 由于博弈参与者的理性程度不同, 策略行为的现实复杂性使得作为

---

① 英文为 equilibrium, 一般译为平衡、均衡, 本书不作区分.

沟通博弈各方策略集的反应函数并不是一一对应的关系, 而是一个集值映射, 这就是博弈 Nash 均衡解非唯一性的本质原因. 因此, 针对非合作博弈遭遇的困惑, 即 Nash 均衡的多重性这一缺陷以及 Nash 均衡究竟是如何实现的难题, 博弈论研究学者尝试将兴趣点转移到从有限理性角度出发的群智能和学习机制, 探索解决 Nash 均衡实现问题的新机制和方法已成为当今博弈论研究的热点和前沿之一.

随着大数据和人工智能的兴起, 考虑将博弈学习和群智能相结合的思想和方法来建立非合作博弈 Nash 均衡的实现机制和算法具有重要的科学意义和应用前景. 近年来, 博弈学习已成为一个备受关注的新动态, 博弈学习模型体现的是局中人并非完全理性, 即参与人是有限理性的. 另外, 自然界中许多自适应优化现象不断地启发着人类, 智能体和自然生态系统通过学习机制和群体智能可以比较满意地解决许多大规模复杂性 (如非线性、不可微、不确定等) 问题. 尤其是将群智能和学习机制结合, 共同模拟生物群体智能选择行为的属性, 蕴含了智能体之间互相学习与合作的路径, 对博弈均衡解的预测和选取是一种新的探索和尝试. 在现实中, 均衡通常都不是一步达成的, 如果将博弈理解成一个过程, 在博弈开始的时候双方一般都不处于均衡的状态. 这时 Nash 平衡就是由博弈双方根据对手的行为不断做出反应来实现的. 双方不断调整自己的策略并最终达到均衡的一个动态过程. 与传统博弈论理性推断的静态方法不同, 在学习机制的设计中引入了局中人的学习和策略调整过程, 局中人的理性则是根据博弈局势的变化不断更新迭代的. 因为若按照博弈论的完全理性假设, 当局中人面对这些问题时能通过理性分析找到和选择最优策略, 不会因为局中人的信息不完全、认知局限、行为偏差、环境状态等偏离最佳选择, 而且局中人之间总是有足够的相互信任和默契, 显然是不切实际的, 所以完全理性假设下的经典博弈论很难解释或预测现实经济生活中出现的现象和行为. 考虑局中人是有限理性的博弈模型, 不仅克服了完全理性博弈理论的现实性缺陷, 而且拓宽了博弈论研究领域和应用的范围. 本书不仅可以进一步丰富和发展非合作博弈 Nash 均衡解的实现理论和算法, 而且可以为实际生活中的具体博弈提供应用前景和决策参考.

本书名为《非合作博弈 Nash 平衡实现算法——基于群智能和学习机制的视角》, 因此不是对博弈 Nash 平衡实现算法作面面俱到的介绍, 而是针对作者认为重要的内容作一定深度的论述和探索. 本书在有限维欧氏空间 $\mathbb{R}^n$ 的框架中展开论述, 所有的数值实验和仿真都是在有限维欧氏空间中进行的, 对非合作博弈中主要模型 (比如: 矩阵博弈、双矩阵博弈、广义博弈、主从博弈、多目标博弈、随机博弈和平均场博弈等) 进行重点介绍, 然后借助不同的群智能和学习机制算法 (比如: 免疫粒子群算法、协同免疫量子粒子群算法、混沌鲸鱼黏菌算法、改进精英机制多目标遗传算法、最小化后悔值学习算法、短视调整过程学习算法等) 实现若干博弈的 Nash 均衡及其轨迹路径, 对它们进行比较深入的研究, 其中一些结果和技巧则是新的、富有启发性的, 当然也是可以改进和推广的.

本书共 7 章, 主要内容大致安排如下. 第 1 章介绍预备知识, 重点在于对非合作博弈研究现状、Nash 平衡的算法概述、几类群智能与仿生算法和学习机制作比较全面的论述. 第 2 章介绍 N 人非合作有限博弈、双矩阵博弈和一般 N 人非合作博弈, 并分别基于免疫粒子群算法和自适应小生境粒子群算法求解双矩阵博弈的 Nash 平衡. 第 3 章介绍广义博弈, 通过 Karush-Kuhn-Tucker(KKT) 条件和互补函数方法转化为非线性方程组问题, 分别借助协同免疫量子粒子群算法和混沌鲸鱼黏菌算法求解广义博弈 Nash 平衡. 第 4 章介绍主从博弈, 基于双层免疫粒子群算法求解主从博弈 Nash 平衡. 第 5 章介绍多目标博弈, 分别借助 SNSGA-II 和改进差分进化算法求解多目标博弈 Pareto-Nash 平衡. 第 6 章介绍随机博弈, 基于最小化后悔值学习算法实现随机博弈 Nash 平衡及其轨迹路径. 第 7 章介绍平均场博弈, 首先借助非线性分析和集值分析的方法, 证明了平均场博弈的良定性, 进而借助短视调整过程学习实现平均场博弈平稳平均场均衡及其轨迹路径.

本书获得国家自然科学基金项目 (项目编号: 12461054、12061020、11561013) 和人社部留学归国人员择优资助项目 (项目编号: 2015192)、贵州省优秀青年科技人才项目 (项目编号: 20215064)、贵州省自然科学基金重点项目 (项目编号: 2025089) 等资助.

感谢国家自然科学基金委和国家留学基金委的资助, 感谢贵州省科技厅和贵州大学的支持和帮助. 感谢贵州大学俞建教授、向淑文教授和杨辉教授等带领我们走进博弈论的研究领域并给与我们指导、支持和帮助. 感谢有关的机构、老师、朋友、学生和家人. 本书虽然反复修改, 疏漏仍然在所难免, 恳请读者批评指正.

作　者

2024 年 5 月 6 日

目　　录

第 1 章　预 备 知 识

1.1　引　言

随着互联网、信息技术的飞速发展, 博弈论 (game theory) 作为研究个体或者团体之间利益冲突与合作的理论, 是分析局中人交互和决策行为的重要工具. von Neumann 和 Morgenstern 于 1944 年的专著《博弈论与经济行为》(*Theory of Games and Economic Behavior*) 已经成为博弈论研究的奠基之作, 该书中提到[1]: "博弈论是建立经济行为理论最恰当的方法." 1950 年和 1951 年 Nash 发表了两篇关于非合作博弈的重要文章[2,3], 其中借助 Brouwer 不动点定理和 Kakutani 不动点定理证明了 N 人非合作有限博弈均衡点的存在性, 后来被人们称为 Nash 均衡, 并逐渐成为非合作博弈的核心概念之一. 1994 年, Harsanyi、Nash 和 Selten 一起获得诺贝尔经济学奖. 之后诺贝尔经济学奖先后 7 次授予博弈论研究与应用的学者, 分别是 1996 年 Mirrless 和 Vickrey, 2001 年 Akerlof、Spence 和 Stiglitz, 2005 年 Aumann 和 Schelling, 2007 年 Hurwicz、Maskin 和 Myerson, 2012 年 Roth 和 Shapley, 2014 年 Tirole, 2020 年 Milgrom 和 Wilson. 博弈论在理论和应用上得到了空前发展. 博弈论作为经济学的标准分析工具之一, 在生物学、政治学、管理学、社会科学、大数据和人工智能等领域都有着广泛的应用[4–8].

Nash 平衡意味着在此策略组合下每个局中人都没有单独改变策略的动机. 但令人遗憾的是, Nash 平衡往往不止一个, 甚至有无穷多个, 这就构成了 Nash 平衡的多重性. 著名学者 Fudenberg 和 Levine 在《博弈学习理论》(*The Theory of Learning in Games*) 中指出[9]: "由于博弈局中人的理性程度不同, 策略交互行为的复杂性使得作为沟通的各个策略集的反应函数并不是一一对应的关系, 而是一个集值映射, 这是 Nash 均衡非唯一性的本质原因." Nash 平衡的多重性带来的不仅是均衡点集的稳定性问题, 还引导出了 Nash 平衡如何实现的关键问题. Nash 平衡是如何实现的? 正如博弈论学者 Aumann 提到的[10]: "既然博弈论提出多重解的概念, 其意义何在? 哪一个解是正确的? 人们真实的行为是什么? 如果有人持有以上观点, 那么博弈论也就失去了它的魅力, 因为没有一个解会告诉人们的真实行动是什么." 博弈论学者 Binmore 也指出[11]: "均衡选取问题可能是现代博弈论所面临的最大挑战." 因此, 大量学者已经从 Nash 平衡的精炼和选取方面研究并试图解决这一难题. 1959 年, Aumann 为 N 人非合作博弈提供了强均衡的概念[12]. 1975 年, Selten 通过考虑博弈策略集的扰动提出了完美均衡的概念[13]. 针对 Selten 关于正则博弈的完美均衡, 1978 年, Myerson 对其进一步精炼提出了恰当均衡的概念[14]. 1962 年, 吴文俊和江嘉禾通过考虑 N 人非合作有限博弈支付函数的扰动提出了本质均衡的概念[15], 并证明了任意非合作有限博弈可以用一列本质博弈来任意逼近. Kohlberg 和 Mertens[16] 用公理化和代数几何的方法证明了任一 N 人非合作有限博弈, 其均衡点集的连通区必为有限个, 其中至少有一个是本质的. 俞建等[17,18] 用非线性分析方法证明了一般 N 人非合作博弈 Nash 平衡点集本质连通区的存在性, 这不仅推广了经典的 Kohlberg 和 Mertens 的主要结论, 而且给了它一个新的证明方法. 此外, 俞建等还研究了广义博弈、多目标博弈以及广义多目标博弈等平衡点集本质连通区的存在性和稳定性, 相关文献可参考 [17–23].

Nash 平衡的实现是基于局中人的有限理性构建一种合理的学习规则使得局中人能够预测到同一确定的 Nash 平衡. 针对 Nash 平衡的实现问题, 即 Nash 平衡如何形成及形成的路径仍然是一个尚未解决且重要的研究课题. Nash 平衡的实现需要局中人按照一定的步骤逐步加以预测, 以前 Nash 平衡的实现通常等价于一个较容易求解的问题, 比如优化问题、不动点问题、变分不等式问题、多项式方程问题和非线性代数方程组问题. 然而, Nash 平衡实现所需要的完全理性与实际问题中的决策者知识和计算能力的局限性往往存在一定的偏离, 纯粹的等价转化有些过于理想. 由于博弈局中人的理性程度是不一致的, 甚至是有冲突的, 因此寻求一种基于局中人理性的学习算法是很有必要的. Nisan 等[24] 的《算法博弈论》(*Algorithmic Game Theory*) 总结了博弈均衡的可计算、算法设计、计算复杂性、机制设计等研究成果, 吸引了大量数学家、经济学家和计算机科学家对博弈问题均衡实现的研究. 一般地, 博弈问题的 Nash 平衡实现主要被分为两大类: 一类是传统的纯数学分析算法, 主要借助于 Lemke-Howson 算法[25]、投影梯度算法[26]、信赖域优化算法和同伦算法[27] 等技巧来计算和分析, 这类算法对函数可微性、凹凸性等性质要求较高, 然而由实际问题建立的博弈模型往往不一定满足这些要求. Nash 平衡的求解是一个 NP 难问题[28], 博弈规模越来越大, 传统的计算方法面临着计算复杂度高和计算时间长的问题. 另一类是基于个体理性与集体理性的学习机制算法, 比如基于群体智能算法方面, 它是受生物机制启发的一类学习算法, 其主要特点是模拟生物群体智能选择行为的属性, 蕴含了生物体之间学习和合作的特性[29]. 因此, Nash 平衡实现问题是重要的, 尝试设计不同学习机制算法去实现博弈 Nash 平衡有待进一步探索和研究.

随机博弈 (stochastic game) 是描述博弈论中一类由一个或多个局中人所进行的、具有状态转移概率的动态博弈过程, 由 Shapley 于 20 世纪 50 年代初期提出[30]. 强化学习[31] 是一种重要的学习方法, 是智能体通过不断地与环境交互, 利用环境反馈的奖励信号, 学习从一个环境状态到行为映射关系的过程, 以使决策可以有最大化回报. 许多学者将多智能体强化学习建模为随机博弈. Asienkiewicz 和 Balbus[32] 研究了在一定条件下随机博弈 Nash 平衡的存在性. Shoham 等[33] 讨论了一般和随机博弈 Nash Q 学习. 因此, Q 学习和各种改进学习算法在随机博弈 Nash 平衡的实现中扮演着重要的角色. Bowling 和 Veloso[34] 提出了合理性和收敛性是随机博弈中多智能体学习算法的两个理想特征, 但是大多数多智能体强化学习算法要么缺乏严格的收敛保证, 要么仅在强假设 (例如存在唯一 Nash 平衡) 下才可能收敛, 或者在所有情况下都证明不收敛. Hu 等[35] 研究了 Nash Q 学习算法, 并将多智能体学习扩展到非合作一般和随机博弈中, Nash Q 学习满足合理性, 但是很多情况下不收敛. Littman 基于 Nash Q 学习提出了朋友或敌人 Q 学习 (friend-or-foe Q learning, 简记为 FFQ) 算法[36], FFQ 算法收敛, 却通常不够理性. 在这两个算法的基础上, Greenwald 等提出了既收敛又具有整体理性的相关均衡算法[37]. 但大多数强化学习算法要么缺乏严格的收敛性证明[38], 要么仅在很强假设条件下存在唯一的 Nash 平衡[39], 或者在动态情况下不收敛[40]. 强化学习是从交互中进行学习, 学习者需要能从自身经验中学习. 将强化学习思想融入到博弈论中, 设计有限理性学习机制算法实现博弈的 Nash 平衡, 同时评估学习机制算法收敛性和合理性方面的研究是很有必要的. 值得注意的是, Blum 等[41] 研究了最小化后悔 (regret minimization) 值学习的复制动态, 表明了如果所有智能体都最小化自己的外部后悔, 那么在 Wardrop 模型路由博弈中, 总体流量可以收敛到近似 Nash 平衡. Klos 等[42] 利用多项式权重学习推导了最小化后悔值的动力学, 预测了 N 人非合作博弈中的真实学习行为. Hansen 等[43] 研究了无后悔的概念去衡量收敛性, 这是一个新的标准用来评估零和自博弈中的收敛情况. 最小化后悔值的核心思想是局中人在学习过程中采取动作后获得回报, 局中人可以回顾迄今为止采取的动作和回报的历史, 并且局中人后悔没有采取另一个动作, 即事后看来最好的动作. 因此, 研究一种最小化后悔值学习算法实现随机博弈的 Nash 平衡是很有必要的.

为给具有连续局中人的连续时间随机博弈提供一个框架, 加拿大 McGill 大学 Peter Caines 团队[44] 于 2006 年以及菲尔兹奖得主 Lasry 和 Lions[45] 于 2007 年分别独立地提出了平均场博弈. 平均场博弈研究的是微观个体和群体分布之间的博弈策略, 主要特点是群体分布由大量微观个体的决策行为所决定的, 即微观个体的决策影响着群体分布, 而个体的决策又受到群体分布的影响. 平均场博弈作为连续局中人之间的博弈, 通常被建立为一个最优控制问题, 局中人代表对测度流作出反映, 从而使得局中人在最优状态下的群体分布与测度流一致. Guéant[46] 通过使用 Hermite 多项式研究了一类平均场博弈的初始和终端条件的扰动, 证明了基于扩散模型的稳定性结论. Adlakha 和 Light 等[47,48] 研究了当转移概率和回报单调时, 平均场博弈模型参数 (例如在局中人引入激励措施) 扰动下的稳定性. 近年来, Neumann[49] 利用 Fort 定理证明了在 Baire 分类意义下, 有限状态和有限动作空间平均场博弈平稳平均场均衡的存在性, 并研究了大多数平稳平均场均衡是本质的. 众所周知, 良定性是优化领域相关问题研究的一个重要课题, 它主要被分为 Hadamard 良定性[50] 和 Tikhonov[51] 良定性两种类型. Hadamard 良定性考虑了解对问题参数的连续依赖性, 而 Tikhonov 良定性意味着任何近似解序列必须有一个收敛到唯一精确解的子序列, 其中 Levitin 和 Polyak[52] 针对渐近序列不一定在可行域内的优化问题提出了 Levitin-Polyak 良定性的概念. 关于良定性的问题, 俞建等在文献 [53–56] 中从有限理性的角度为非线性问题的良定性提供了一种统一的方法, 获得了一些新的良定性结果. 因此, 本书利用俞建给出的良定性研究方法继续研究平稳平均场均衡的良定性, 另外, 除平均场博弈均衡点集的稳定性研究外, 基于学习机制的平均场博弈均衡实现也是一个备受关注的热点问题. Neumann[57] 介绍了有限状态和有限动作空间平均场博弈的一种自然学习规则, 即短视调整过程学习. 假设在给定当前群体分布的情况下, 局中人在选择最优策略时群体分布是恒定的. 在这种情况下, 对于所考虑的优化问题, 总存在一个最优的稳定策略, 并自然地假设局中人选择了这样的稳定策略[58]. Mouzouni[59] 介绍了一种短视调整的学习过程, 当哈密顿量函数和 Lions-Lasry 条件单调时, 如果初始分布足够接近平均场博弈的均衡, 则群体能自发地呈指数快速收敛到平均场博弈平稳平均场均衡, 进而设计短视调整进程算法实现平均场博弈平稳平均场均衡及其轨迹路径具有重要的研究意义.

1.2 Nash 平衡的算法概述

1951 年, Nash 证明了 N 人非合作有限博弈 Nash 平衡的存在性[2,3], 但令人遗憾的是, Nash 并没有给出求解博弈问题 Nash 平衡的算法. 围绕 Nash 平衡的算法, 许多学者做了大量的工作, 提出了许多卓有成效的算法, 参见 [25–27]. 然而 Nash 平衡的计算是一个 NP 难问题, 随着博弈规模的越来越大, 传统的方法面临着计算复杂度高和计算时间长的问题. 近年来随着智能算法研究的不断深入和发展, 智能算法在解决 NP 难问题上体现出了强大的优越性, 人们纷纷尝试利用模拟退火、禁忌搜索、遗传、免疫、粒子群等智能算法来求解博弈的 Nash 平衡点, 产生了大量的研究成果, 见 [29, 60–66]. 因此, 借鉴生物进化理论和生物行为规律的智能算法来计算和模拟博弈均衡解的动态实现过程已成为研究博弈问题均衡解的一种新的途径和方法.

博弈论自产生以来已经被广泛应用于计算机科学和人工智能领域, 比如围棋、得州扑克、区块链技术、数字经济、无线通信中资源分配、机器人编队控制, 包括问题分析、建立模型、算法编程与设计等项目, 其中尤为重要的是设计学习机制算法. 近年来, 人工智能和计算机科学的发展为博弈模型的研究提供了技术支持, 从 "深蓝" 到 AlphaGo, 再到 ChatGPT, 人工智能的博弈计算能力甚至可以挑战人类智慧. 随着人工智能技术的突破性进展, 博弈论在社会智能、机器智能、人工智能和多智能体强化学习等新兴交叉研究领域中扮演着越来越重要的角色, 将博弈论应用于这些领域已然成为一个备受关注的新动态和新趋势.

在一个博弈环境中, 当面临未知对手或动态环境时学习能力对做出适当的行为是至关重要的. 但究竟什么是 "学习", 长期以来众说纷纭. 社会学家、逻辑学家、心理学家各持有不同的看法. 按照人工智能大师诺贝尔经济学奖和图灵奖获得者 Simon 的观点, "学习" 就是系统在不断重复的工作中对自身能力的增强或改进, 使得系统在下一次执行同样任务或类似任务时, 会比现在表现得更好或者效率更高. 学习是局中人的必备能力, 然而该如何理解他们之间的决策和交互, 针对不同博弈模型如何设计不同的学习机制是很有意义且重要的课题.

从 von Neumann 的矩阵博弈到 Nash 的 N 人非合作有限博弈、Debreu 的广义博弈、Arrow 和 Debreu 数理经济学中的一般均衡、Stackelberg 的主从博弈、一般 N 人非合作博弈、多目标博弈、模糊博弈、不连续博弈等, 其模型都有一个共同的基础假设, 即局中人是完全理性的, 局中人在任何时候都会做出对自己最为有利的选择, 遵循经济学中的利益最大化原则. 但是这个假设无论是应用上还是理论上都过于严苛了, 因为局中人的认识和计算能力是有限的, 局中人所面对的世界是复杂的、无限的. 一般认为博弈论中局中人是有限理性的, 即局中人对博弈信息掌握可能不完全, 逻辑推理能力不高, 局中人可能会犯错误. 因此, Simon[67] 提出了有限理性 (bounded rationality) 理论和满意原则. 俞建在《有限理性与博弈论中平衡点集的稳定性》中指出[56]: "大多数人总是理性的, 总是追求自身利益最大化, 这一点必须肯定. 另一方面, 每个人都有自己独立的价值体系, 追求自身利益不必是自私的, 可以是利他的或者是部分利他的, 这一点也是必须肯定的." 局中人之间不仅有对抗、冲突还有合作共赢, 所以每个局中人都具有个体性 (个体理性) 和集体社会性 (集体理性), 博弈的结果也应该同时反映局中人的个体理性与集体理性.

在人的决策行为中, 常常表现出非完全理性的自利、互惠、后悔, 在不同的外部环境之下, 人的决策行为会随着外部环境的改变而相应地调整. 由于局中人的决策行为具有明显的有限理性特征, 基于完全理性假设的经典博弈理论有时候难以预测或解释现实的经济管理系统中出现的行为与现象. 与传统博弈论的分析方法不同, 在学习机制中引入局中人 (智能体) 的学习和策略调整过程, 局中人的理性则是根据局势的变化不断优化的, 这更符合博弈的过程, 个体在这个过程中不断学习以便选择对自己更有利的行为. 因此, 从有限理性学习机制的角度将 Nash 平衡看成是具有有限理性的博弈局中人逐步调整策略寻求最优解的结果更贴近现实, 这为 Nash 平衡的实现路径研究提供了一种新的探索途径, 如何设计学习机制算法模拟 Nash 平衡的实现是当前国际博弈论领域的热点和前沿之一, 是一个具有基础性、交叉性、创新性的前沿课题, 有重要的理论和实际意义.

1.3 群智能与仿生算法

群智能一般认为是一群无智能的主体通过合作表现出智能行为的特性, 是基于生物群体行为规律的一种新兴的演化计算技术[68]. 群智能算法已成为越来越多研究者的关注焦点, 与人工生命, 特别是进化策略以及遗传算法有着极为特殊的联系. 受昆虫 (如蚂蚁、蜜蜂) 和群居脊椎动物 (如鸟群、鱼群和兽群) 的启发, 群智能算法也被用来解决分布式问题. 它在没有集中控制并且不提供全局模型的前提下, 为寻找复杂的分布式问题的解决方案提供了一种新的思路.

1.3.1 粒子群优化算法

粒子群优化 (particle swarm optimization, PSO) 算法是基于群体智能的一种随机优化算法, 是由美国学者 Kennedy 和 Eberhart 于 1995 年提出的[69], 主要来源于对鸟类捕食行为的生物学模型的模拟, 通过个体间的协作来寻找最优解. 在粒子群优化算法中, 每个优化问题的解都可以看成搜索空间中的一个点, 并称之为 "粒子". 用随机解初始化一群没有体积没有质量的粒子, 将每个粒子视为优化问题的一个可行解, 粒子的好坏由一个事先设定的适应度函数来确定. 每个粒子将在可行解空间中运动, 并由一个速度变量决定其方向和距离, 然后通过迭代找到最优解. 在每一次迭代中, 粒子通过跟踪两个 "极值" 来更新自己. 一个是粒子本身所找到的最好解, 即个体极值 (p_{best}), 另一个极值是整个粒子群中所有粒子在历代搜索过程中所达到的最优解, 即全局极值 (g_{best}). 找到这两个最好解后, 接下来是粒子群优化算法中最重要的 "加速" 过程, 每个粒子不断地改变其在解空间中的速度, 以尽可能地朝 $p_{best}(i)$ 和 $g_{best}(i)$ 所指向的区域 "飞" 去. 若在一个 D 维空间中存在 m 个粒子以预先设置好的速度运动, 位置和速度分别记为

$$x_i^t = (x_{i1}^t, x_{i2}^t, \cdots, x_{id}^t)^{\mathrm{T}}, \quad x_{id}^t \in [L_d, U_d],$$

$$v_i^t = (v_{i1}, v_{i2}, \cdots, v_{id})^{\mathrm{T}}, \quad v_{id}^t \in [v_{min,d}, v_{max,d}],$$

其中 L_d, U_d 分别为搜索空间的下限与上限, $v_{min,d}, v_{max,d}$ 分别为最小、最大速度. 个体最优位置和全局最优位置分别记为

$$p_i^t = (p_{i1}^t, p_{i2}^t, \cdots, p_{iD}^t)^{\mathrm{T}},$$

$$p_g^t = (p_{g1}^t, p_{g2}^t, \cdots, p_{gD}^t)^{\mathrm{T}},$$

其中 $1 \leqslant d \leqslant D, 1 \leqslant i \leqslant M$. 则粒子在 $t+1$ 时刻的位置通过下式更新得到

$$v_{id}^{t+1} = v_{id}^t + c_1 r_1 (p_{id}^t - x_{id}^t) + c_2 r_2 (p_{gd}^t - x_{id}^t), \qquad (1.1)$$

$$x_{id}^{t+1} = x_{id}^t + v_{id}^{t+1}, \qquad (1.2)$$

其中 r_1, r_2 为均匀分布在 (0, 1) 区间的随机数; c_1, c_2 称为控制加速常数, 通常取 $c_1 = c_2 = 2$. 式 (1.1) 右边可分为三部分, 首先是粒子的 "惯性" 部分, 反映了粒子的运动 "习惯", 体现粒子有维持自身先前速度的趋势. 其次是粒子的 "自我认知" 部分, 反映了粒子对自身历史经验的记忆, 体现粒子有向自身历史最佳位置逼近的趋势. 最后是粒子的 "社会认知" 部分, 反映了粒子间协同合作与知识共享的群体历史经验, 体现粒子有向群体历史最佳位置逼近的趋势.

基本粒子群优化算法的实现步骤如下:

步骤 1 设定粒子群各个初始参数, 保证各初始条件在预设范围内.

步骤 2 计算每个粒子的适应度值, 并得到最佳适应度 p_{best}.

步骤 3 分析每个粒子的适应度值 $f(i)$ 和个体极值 $p_{best}(i)$, 若适应度 $f(i) > p_{best}(i)$, 则用 $f(i)$ 替换 $p_{best}(i)$.

步骤 4 分析粒子的适应度值 $f(i)$ 和全局极值 $g_{best}(i)$, 若适应度 $f(i) > g_{best}(i)$, 则用 $f(i)$ 替换 $g_{best}(i)$.

步骤 5 粒子位置更新. 根据式 (1.1) 和式 (1.2) 更新粒子的位置 x_i 和速度 v_i.

步骤 6 边界条件处理.

步骤 7 检验结束条件, 当满足结束条件时, 结束计算, 否则返回步骤 1.

在粒子群优化算法中, 设第 i 个粒子表示为 $x_i = (x_{i1}, x_{i2}, \cdots, x_{in})$, 它经历过的最好位置 (有最好的适应度值) 记为 $p_i = (p_{i1}, p_{i2}, \cdots, p_{in})$, 也记为 p_{best}. 群体中所有粒子经历过的最好位置的索引号用符号 g 表示, 即 p_g, 也记为 g_{best}. 第 i 个粒子的速度表示为 $v_i = (v_{i1}, v_{i2}, \cdots, v_{in})$. 对每一次迭代, 粒子根据如下方程更新来改变自己的位置和速度:

$$v_i^{t+1} = w v_i^t + c_1 r_1 (p_{best}^t(i) - x_i^t) + c_2 r_2 (g_{best}^t - x_i^t), \qquad (1.3)$$

$$x_i^{t+1} = x_i^t + v_i^{t+1}, \qquad (1.4)$$

其中 c_1, c_2 为学习因子, 分别调节全局最好粒子和个体最好粒子方向飞行方向的最大步长, 通常情况令 $c_1 = c_2 = 2$, r_1, r_2 取 $[0,1]$ 内变化的随机数, w 为惯性权重.

由式 (1.3) 不难看出, 惯性权重 w 表示在多大程度上保留原来的速度: w 较大, 则全局收敛能力较强, 局部收敛能力较弱; w 较小, 则局部收敛能力较强, 全局收敛能力较弱; 当 $w = 1$ 时, 式 (1.3) 与式 (1.1) 完全一样, 表明带惯性权重的粒子群优化算法是基本粒子群算法的扩展. 实验研究表明: w 的取值在 $0.8 \sim 1.2$ 之间时, 粒子群优化算法具有收敛速度快的性能; 而 $w > 1.2$ 时, 粒子群优化算法则易陷入局部最优解. 另外, 在搜索过程中可以对 ω 进行动态调整: 在算法开始时, 可给 ω 赋予较大正值, 随着搜索的进行, 可以线性地使 ω 逐渐减小, 这样可以保证在算法开始时, 各粒子能够以较大的速度步长在全局范围内探测到较好的区域; 而在搜索后期, 较小的 ω 值则保证粒子能够在极值点周围进行精细的搜索, 从而使算法有较大的概率向全局最优解位置收敛. 对 ω 进行调整, 可以权衡全局搜索和局部搜索能力. 目前, 采用较多的动态惯性权重值是 Shi 等[70] 提出的线性递减权值策略, 计算公式为[71]

$$w = w_{max} - T\frac{w_{max} - w_{min}}{T_{max}}, \tag{1.5}$$

其中 w_{max} 为最大惯性权重, w_{min} 为最小惯性权重, T_{max} 为最大迭代次数, T 为当前迭代次数, 在大多数的应用中 $w_{max} = 0.9$, $w_{min} = 0.4$. 式 (1.5) 指出, 每个粒子的速度可分为三部分, 首先是 "惯性" 部分, 表示粒子的运动 "习惯", 代表粒子有维持自己先前速度的趋势; 其次是 "认知" 部分, 表示粒子对自身历史经验的记忆, 代表粒子有向自身历史最佳位置逼近的趋势; 最后是 "社会" 部分, 表示粒子间协同合作与知识共享的群体历史经验, 代表粒子有向群体或邻域历史最佳位置逼近的趋势.

粒子群优化算法本质是一种随机搜索算法, 它是一种新兴的智能优化技术. 该算法能以较大概率收敛于全局最优解. 实践证明, 它适合在动态、多目标优化环境中寻优, 与传统优化算法相比, 具有较快的计算速度和更好的全局搜索能力. 粒子群优化算法具有以下特点:

(1) 粒子群优化算法是基于群智能理论的优化算法, 通过群体中粒子间的合作与竞争产生的群体智能指导优化搜索. 与其他算法相比, 粒子群优化算法是一种高效的并行搜索算法.

(2) 粒子群优化算法与遗传算法都是随机初始化种群, 使用适应度值来评价个体的优劣程度和进行一定的随机搜索. 但粒子群优化算法根据自己的速度来决定搜索, 没有遗传算法的交叉与变异. 与进化算法相比, 粒子群优化算法保留了基于种群的全局搜索策略, 但是其采用的速度-位移模型操作简单, 避免了复杂的遗传操作.

(3) 由于每个粒子在算法结束时仍保持其个体极值, 即粒子群优化算法除了可以找到问题的最优解外, 还会得到若干较好的次优解, 因此将粒子群优化算法用于调度和决策问题可以给出多种有意义的方案.

(4) 粒子群优化算法特有的记忆使其可以动态地跟踪当前搜索情况并调整其搜索策略. 另外, 粒子群优化算法对种群的大小不敏感, 即使种群数目下降时, 性能下降也不是很大.

(5) 粒子群优化算法的信息共享机制可以解释为一种共生合作的行为, 即每个粒子都在不停地进行搜索, 并且其搜索行为在不同程度上受到群体中其他个体的影响, 同时这些粒子还具备对所经历最佳位置的记忆能力, 即其搜索行为在受其他个体影响的同时还受到自身经验的引导. 基于独特的搜索机制, 粒子群优化算法首先生成初始种群, 即在可行解空间和速度空间随机初始化粒子的速度与位置, 其中粒子的位置用于表征问题的可行解, 然后通过种群间粒子个体的合作与竞争来求解优化问题.

1.3.2 黏菌算法

黏菌算法 (slime mould algorithm, SMA) 是一种模拟黏菌扩散和觅食行为的优化算法[72], 由 Li 等在 2020 年提出[73]. SMA 的实现过程主要表现为收缩性和振荡性, 可以看作一种振荡器, 具有结构简单、后期收敛性和探索性强的优点. 同时, 觅食过程中不同的食物形成一个网络, 每个食物在该网络中具有一个独有的与食物质量相关的厚度, 即权重. SMA 是利用自适应权重模拟黏菌扩散产生的反馈过程. 获得与食物的最佳连接路径, 具有良好的探索能力和剥削倾向. 此外, 在寻找最佳食物位置时, 通过振荡保证了去寻找未知区域的可能性. 因此, SMA 由三个主要部分组成: 靠近、包围和获取食物. 综上得到 SMA 的实现原理如图 1.1 所示.

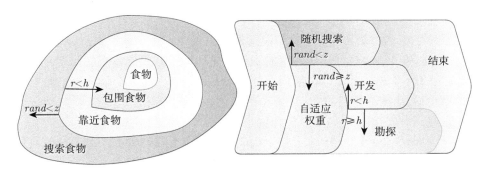

图 1.1　SMA 原理图

下面给出 SMA 的算法设计.

(1) 靠近食物

通常, 黏菌根据空气中的气味靠近食物, 并由食物的浓度来决定靠近食物的

方向, 从而导致生物振荡器产生更强的波. 这种收缩模式可表示为

$$X\left(t+1\right)=\begin{cases} X_b\left(t\right)+vb\cdot\left(W\cdot X_A\left(t\right)-X_B\left(t\right)\right), & r<p, \\ vc\cdot X\left(t\right), & r\geqslant p, \end{cases} \tag{1.6}$$

其中 vb 是一个取值在 $[-a,a]$ 上的随机参数, vc 是一个从 1 递减到 0 的参数. X 表示个体的位置, X_b 表示在已发现的所有个体中气味浓度最高的个体位置, X_A 和 X_B 表示两个随机的个体, W 表示黏菌个体的权重, t 表示当前迭代次数. p 和 W 具体形式如下:

$$p=\tanh|S\left(i\right)-DF|, \tag{1.7}$$

其中 $i\in\{1,2,\cdots,N\}$, $S\left(i\right)$ 表示个体 X 排序后的适应度值, DF 表示整个迭代过程中最佳适应度,

$$a=\arctan h\left(-\left(\frac{t}{T_{max}}\right)+1\right),$$

$$W\left(SmellIndex\left(i\right)\right)=\begin{cases} 1+r\cdot\lg\left(\dfrac{bF-S\left(i\right)}{bF-wF}+1\right), & case, \\ 1-r\cdot\lg\left(\dfrac{bF-S\left(i\right)}{bF-wF}+1\right), & \text{其他}, \end{cases} \tag{1.8}$$

其中, $case$ 表示适应度函数值排名在前一半的种群. r 表示在区间 $(0,1)$ 内的随机值, $\lg$ 表示求以 10 为底的对数, T_{max} 表示最大迭代次数, bF 表示在整个过程中已经找到的最佳适应度值, wF 表示当前最差适应度值, $SmellIndex$ 表示已排序的适应度值序列 (在最小值问题中递增).

　　在个体 X 的位置更新过程中, 根据最佳位置 X_b 对个体位置进行更新, 微调参数 vc, vb 和 W 能够对个体位置的更新产生影响. 上式位置更新体现了个体在最佳位置的所有方向上进行更新的可能性, 从而模拟出黏菌个体在靠近食物时形成的圆形搜索结构.

　　(2) 包围食物

　　在一定条件下, 黏菌个体通过气味浓度来选择不同的食物. 对于浓度高的食物, 它被赋予较高的权重. 相反, 食物浓度较低的个体的权重就相应地会减少. 因此, 在搜索到食物的基础上, 包围食物能够表示为

$$X(t+1)=\begin{cases} rand\cdot\left(UB-LB\right)+LB, & rand<z, \\ X_b(t)+vb\cdot\left(W\cdot X_A(t)-X_B(t)\right), & r<p, \\ vc\cdot X(t), & r\geqslant p, \end{cases} \tag{1.9}$$

其中 r 是区间 $(0,1)$ 上的随机数, UB 和 LB 分别表示整个种群空间中个体能取到的上界和下界, 而 z 是在区间 $[0,0.1]$ 内的一个参数. 式 (1.9) 在式 (1.6) 基础之上, 增加了随机更新个体位置的过程, 黏菌根据个体权重以及适应度函数值实现个体位置的更新和调整.

(3) 振荡

黏菌主要依赖于生物振荡器产生的波来影响细胞质的流动, 从而使得黏菌通常处于利于其觅食的环境下, 使用 vc, vb 和 W 来实现黏菌的变化. 根据 W 模拟黏菌周围的食物浓度, 这使得黏菌在发现高质量的食物时可以较快地靠近附近搜索到的高浓度食物, 从而提高黏菌觅食的效率. 然而, 通常情况下会存在一些黏菌不受食物浓度的影响, 它保持了区域内随机搜索的特性. 因此, 位置更新式模拟了包含勘探过程和开发过程的所有可能情况, 在注重开发能力的同时增强了全局勘探能力.

(4) 精英保留策略

在算法迭代过程中, SMA 采取的精英保留策略更新公式如下:

$$X_{best} = \begin{cases} X_{best}(t), & f(X_{best}(t)) \leqslant f(X(t+1)), \\ X(t+1), & f(X_{best}(t)) > f(X(t+1)), \end{cases}$$

$$f_{best} = \begin{cases} f(X_{best}(t)), & f(X_{best}(t)) \leqslant f(X(t+1)), \\ f(X(t+1)), & f(X_{best}(t)) > f(X(t+1)), \end{cases}$$

其中 t 表示迭代次数, X_{best} 表示当前已发现的最好的个体位置, f 为适应度函数值, f_{best} 为当前最佳适应度.

SMA 实现步骤如下:

步骤 1 参数初始化. 种群规模为 N, 最大迭代次数为 T_{max}, 个体维数为 M, 精度为 ε, 种群空间上界和下界分别为 UB 和 LB, 在可行域内随机生成黏菌个体的初始位置为 $x_i (i = 1, 2, \cdots, N)$.

步骤 2 计算个体的适应度值, 并进行升序排序得到 $S(i)$ (最小值问题). 从而得到当前最佳位置 X_{best}、当前最佳个体适应度值 BF 和当前最差个体适应度值 wF.

步骤 3 分别利用式 (1.7) 和式 (1.8) 计算气味浓度 p 和个体权重 W.

步骤 4 根据式 (1.9) 更新黏菌个体的位置.

步骤 5 检查更新后的每个个体是否在可行域内, 若在, 则继续, 若不在, 则对该个体位置进行惩罚使得个体位置落在可行域内.

步骤 6 计算更新后个体的适应度值, 如果 $f(X_i(t)) < f(X_{best})$, 则 $X_{best}(t) = X_i(t)$. 否则, $X_i(t) = X_{best}(t)$.

步骤 7   检验迭代次数或精度是否满足终止条件, 若满足则结束, 输出最佳位置个体及其适应度值, 否则转到步骤 2.

1.3.3   差分进化算法

差分进化 (differential evolution, DE) 算法是由 Storn 和 Price 于 1997 年提出的一种仿生智能算法[74]. DE 算法和遗传算法类似都是模拟生物间的 "物竞天择, 适者生存" 进化规律, 并通过个体间的竞争与合作而产生的一种全局优化算法. 与其他算法比较, 它具有记忆个体最优解和种群内部信息共享的特点, 该算法的实质可看作是采用实数编码、具有保优思想的遗传算法. DE 算法具有简单的差分变异策略, 有利于算法的进化操作, 并且具有根据当前搜索情况来调整后期搜索策略的特点, 它在求解一些复杂优化问题时具有较强的全局收敛性和鲁棒性[75-77]. 因此, 作为一种高效的智能优化算法, 对 DE 算法进行理论和应用上的研究具有重要的意义.

DE 算法与其他进化算法 (evolutionary algorithms, EAs) 相似, 在每一次进化过程中使用变异、交叉和选择算子来达到全局最优. 在 DE 算法中, 种群中的每一个个体都被称为目标向量, 并利用进化算子在目标向量中进行操作找到最优个体. 变异算子用于生成变异向量, 其中变异向量是由差分向量和种群中的另一随机选出的向量加权得到的. 交叉算子是将变异向量与目标向量进行参数混合交叉, 生成实验向量. 最后, 利用选择算子对实验向量和目标向量进行适应度值比较, 择优生成新一代种群. DE 的基本进化过程如下所述.

(1) 初始化种群

设算法的种群规模为 N, 可行解空间的维数为 D, 一般而言, 种群规模越大算法的搜索能力越强, 但同时也加大了运算量, 因此 N 的大小一般按解空间维数 D 的 3 到 10 倍来选取. 用 $X(t)$ 表示进化到第 t 代时的种群. 首先在问题的可行解空间内随机产生初始种群 $X(0) = \{x_1^0, \cdots, x_i^0, \cdots, x_N^0\}$, 其中 $x_i^0 = (x_{i1}^0, \cdots, x_{ij}^0, \cdots, x_{iD}^0)$, $i = 1, \cdots, N$, $j = 1, \cdots, D$, 个体的各个分量可按下式产生:

$$x_{ij}^0 = rand[0,1] \cdot (x_{max}^j - x_{min}^j) + x_{min}^j,$$

其中 $rand[0,1]$ 为 $[0,1]$ 范围内的随机值, x_{max}^j 和 x_{min}^j 分别为解空间第 j 维的上下界.

(2) 变异操作

变异操作是 DE 算法与 GA 最主要的区别, 在 DE 算法中, 由当前种群 (目标向量) 中的多个个体进行线性组合生成变异向量, 最基本的变异成分是父代个体的差分向量. 根据不同的变异向量 $v_i = (v_{i1}, \cdots, v_{iD})$, $i = 1, \cdots, N$ 生成方法, 形成了几种不同的 DE 变异策略. 用符号 $DE/x/y$ 加以区别, 其中 x 代表被变异的向量是随机个体的还是最优个体的, y 表示差分向量的个数. 以下是五种最常见的变异策略.

- $DE/rand/1$

$$v_i^t = x_{r1}^t + F \cdot (x_{r2}^t - x_{r3}^t). \tag{1.10}$$

- $DE/best/1$

$$v_i^t = x_{best}^t + F \cdot (x_{r2}^t - x_{r3}^t).$$

- $DE/rand\text{-}to\text{-}best/1$

$$v_i^t = x_i^t + \lambda(x_{best}^t - x_i^t) + F \cdot (x_{r2}^t - x_{r3}^t).$$

- $DE/best/2$

$$v_i^t = x_{best}^t + F \cdot (x_{r2}^t - x_{r3}^t) + F \cdot (x_{r4}^t - x_{r5}^t).$$

- $DE/rand/2$

$$v_i^t = x_{r1}^t + F \cdot (x_{r2}^t - x_{r3}^t) + F \cdot (x_{r4}^t - x_{r5}^t).$$

其中 $x_{r1}, x_{r2}, x_{r3}, x_{r4}$ 和 x_{r5} 是来自 $[1, N]$ 内的随机整数, 并且 $x_{r1} \neq x_{r2} \neq x_{r3} \neq x_{r4} \neq x_{r5} \neq i$. x_{best}^t 代表第 t 代最优个体. 突变因子 F 是一个控制两个个体差异大小的参数, F 较小会引起算法过早收敛, 较大的 F 使得算法避免陷入局部最优的概率增大, 但当 $F > 1$ 时, 算法的收敛速度会明显降低, 因为当扰动大于两个个体之间的距离时, 种群的收敛会变得非常困难, 所以根据经验, F 取值在 $[0, 0.9]$ 上.

(3) 交叉操作

交叉操作的目标是生成实验向量 $u_i = (u_{i1}, \cdots, u_{iD})$, $i = 1, \cdots, N$, 其过程是通过变异向量 v_i 与目标向量 x_i 的各维数分量进行随机重组, 并使种群的多样性得以提高. 实验向量 u_i 的各个分量由以下公式生成:

$$u_{ij}^t = \begin{cases} v_{ij}^t, & rand(j) \leqslant CR \text{ 或 } j = rnbr(i), \\ x_{ij}^t, & \text{其他}, \end{cases}$$

其中 $rand(j) \in [0, 1]$ 是一个随机数, $CR \in [0, 1]$ 是一个常数, 称为交叉算子. CR 的取值越大, 个体发生交叉的可能性就越大, $CR = 0$ 表示没有交叉. $rnbr(i) \in \{1, \cdots, D\}$ 为随机选择的整数, 用它确保新个体至少有一个分量值是从变异向量中继承的, 以确保有新的个体产生, 从而避免群体进化陷入停滞.

(4) 选择操作

在有边界约束的问题中, 需要保证新个体的参数值在可行区域内. 如果个体在边界之外, 则首先进行边界处理, 即将边界外的新个体由可行域内随机生成的参数代替, 然后进行选择操作. 该选择操作是一种 "贪婪" 选择模式, 将实验向量个体的适应度函数值 $f(u_i)$ 与当前种群中相应目标向量个体的适应度函数值 $f(x_i)$ 进行比较, 只有适应度值更好的个体才会被种群接受. 否则, 将在下一次迭代计算中继续作为目标向量执行变异及交叉操作. 假设待求解问题为最小化问题, 则选择操作由下式表示:

$$x_i^{t+1} = \begin{cases} u_i^t, & f(u_i^t) < f(x_i^t), \\ x_i^t, & \text{其他}, \end{cases} \tag{1.11}$$

式中 $f(\cdot)$ 是适应度函数.

　　根据 DE 算法的操作原理, 可以看出 DE 算法具有自由探索、学习和继承的特点. 自由探索是由于在变异操作中从种群群体 X 中随机选择了个体 x_{r1}, x_{r2}, x_{r3}. 学习与继承性质是由于实验向量 u_i 是按一定概率继承于变异向量 v_i 或至少有一维来自于向量 v_i, $i = 1, \cdots, N$. 虽然 DE 算法具有许多优秀的特性, 但随着求解问题复杂度的增加, 也存在收敛速度慢、稳定性差或者搜索停滞等缺点. 因此, 为了克服这些缺点, 研究人员主要考虑从策略的设置、参数的选择、种群规模的选取以及与其他算法进行结合等方式对 DE 算法进行了改进[78-80].

1.3.4　模拟退火算法

　　模拟退火 (simulated anneal, SA) 算法最早是由 Metropolis 等[81] 提出的一种全局优化算法. SA 算法是局部搜索算法的扩展形式, 与局部搜索算法不同的地方是它可以按一定的概率接受解空间中目标函数值相对较优的劣质解, 以此增加算法种群的多样性, 促使算法快速搜索到全局最优解. SA 算法的操作原理源于物理中固体物质的退火过程, 通过将求解待优化问题的目标函数类比为物质的内能, 解空间类比为内能的状态空间, 问题求解过程即为物质退火过程中的一个组合状态, 最优解类比为物质冷却后得到的晶体结构. 通过模拟固体的加温、等温和冷却过程, 利用 Metropolis 准则适当地控制温度下降过程, 以此求得优化问题的最优解.

　　与其他优化算法类似, SA 算法也是一种求解最小值的全局优化算法. 在求解过程中, 每一步更新所需的时间长短与算法中的参数成正比, 其中该算法中的参数相当于固体退火过程中的温度. 与金属退火过程相似, 为了更快地求得最小值, 在算法开始阶段将温度调为一个较大值, 然后通过慢慢降温以此得到一个稳定的状态空间, 进而求得最优解. SA 算法与其他优化算法的不同之处在于它具有较强的全局搜索能力, 主要因为它几乎不需要搜索空间的其他知识和信息, 只是将空间定义成邻域结构, 并在其邻域结构内选择相邻解, 并利用待优化问题的目标函数进行评估; 另外, SA 算法并不是应用确定性规则对可行解进行选取, 而是采用变迁概率对算法进行引导, 使其搜索空间向最优解区域移动. 因此, 看似 SA 算法的搜索方法是盲目的, 但实际上有着明确的搜索方向. 物理退火过程主要由以下三部分组成.

(1) 加温过程其目的是增强粒子的热运动, 使粒子离开平衡位置. 随着温度达到一定值时, 固体逐渐熔为液体, 并使得状态系统变得更加均匀, 然后以该状态作为冷却过程的起点. 在固体熔解过程中, 系统的内能也随温度的升高而增大.

(2) 等温过程固体的等温过程即系统处于一个温度不变的状态. 由相关的物理学知识得知, 在一个温度不变的封闭系统, 系统内的物质与周围环境进行交换热量时, 系统状态会自发地朝着自由能减少的方向移动, 直到自由能达到最小值, 即系统达到平衡态.

(3) 冷却过程液体通过冷却过程使粒子的可动性减弱, 系统能量下降, 直至粒子的可动性消失并有序排列, 从而得到低能量的晶体结构. 对物理退火的三个过程的分析, 可以类比得到 SA 算法的具体操作过程: 其中固体的加温过程与算法的温度设置相对应; 固体的等温过程与算法的 Metropolis 抽样过程相对应; 固体的冷却过程与算法中参数的下降相对应; 固体的能量变化以及最终得到的低能量晶体结构分别对应待优化问题的目标函数和最优解. 在 SA 算法中, Metropolis 抽样准则是使 SA 算法收敛到全局最优解的关键, 其操作原理是通过 Metropolis 准则按照某一概率接受解空间中相对较优的劣质解, 使得算法具有较大的概率避免陷入局部最优.

SA 算法的思想是: 首先, 初始化算法, 即在搜索空间中随机选择点. 然后, 利用算法的 Metropolis 准则, 使得随机游走的粒子逐渐收敛于局部最优解. 最后, 利用目标函数对可行解进行评价并确定全局最优解. 在 SA 算法进程中, 温度在 Metropolis 准则中起着重要作用, 温度的大小控制着粒子向局部或全局最优解移动的速度. SA 算法的 Metropolis 准则对某一温度 M 下物体从状态 i 转移到状态 j 的概率定义如下:

$$\rho_{ij}^M = \begin{cases} 1, & E(j) \leqslant E(i), \\ e^{-\frac{\Delta E}{KM}}, & \text{其他}, \end{cases} \tag{1.12}$$

式中 e 为自然对数的底, $E(i)$, $E(j)$ 分别表示状态 i, j 的内能, $\Delta E = E_i - E_j$ 是内能增量, K 为玻尔兹曼常数, M 是温度. 当 $E(j) \leqslant E(i)$ 时, 系统将以 1 的概率接受新的状态. 否则, 系统将会以一定概率接受这个不好状态, 进而避免算法陷入局部最优.

1.4 几类学习机制概述

(1) 梯度上升学习机制

基于博弈中局中人寻求最大化其期望回报函数或最小化其成本函数的思想, Singh 等[82] 提出了梯度上升算法来检验学习的效果, 即在一般和博弈中, 梯度上升学习不能保证局中人的策略或是预期回报本身的收敛性, 但预期回报随时间的平均值是收敛的. 虚拟博弈[83] 中假设其他局中人遵循某种 Markov 策略根据他们的历史进行估计, 并用于求解博弈的 Nash 平衡问题. Bowling 等[34] 研究了具有 WoLF(win or learn fast, 即取胜或学得快) 准则的梯度上升方法在广义博弈中可能不收敛. WoLF 准则背后的原理是在学习者 "获胜" 时通过缓慢学习来适应其策略, 而在 "落败" 时快速学习来改变自身的策略. 使用一个近似的标准来确定学习者何时 "获胜", 在一般和博弈中可能无法收敛.

一般地, 梯度被定义为一个函数的全部偏导数构成的向量, 梯度在机器学习中有着重要的应用. 梯度学习是研究有限理性普遍模型中局中人决策行为的方法, 经典的 N 人非合作博弈中局中人的完全理性对应着局中人的最佳回应, 即 Nash 均衡的精确解. 梯度学习是一种实现均衡的方法, 梯度上升 (gradient ascent) 学习算法是由 Singh 等[82] 在研究两动作两局中人博弈均衡学习中提出的, 以双矩阵博弈为例,

$$
A_r = \begin{bmatrix} a_{11} & a_{12} \\ a_{21} & a_{22} \end{bmatrix}, \quad B_c = \begin{bmatrix} b_{11} & b_{12} \\ b_{21} & b_{22} \end{bmatrix}.
$$

每个局中人从策略集合 $\{1, 2\}$ 中选择动作. 如果行局中人选择动作 i $(i = 1, 2)$, 列局中人选择动作 j $(j = 1, 2)$, 那么行局中人得到的支付为 a_{ij}, 列局中人得到的支付为 b_{ij}. 设局中人 1 和局中人 2 采用随机选择动作的混合策略 (即两个可用动作的概率分布). 设局中人 1 选择动作 1 的概率为 $P\{a_r = 1\} = \alpha$, 那么局中人 1 选择动作 2 的概率为 $P\{a_r = 2\} = 1 - \alpha$. 设局中人 2 选择动作 1 的概率为 $P\{b_c = 1\} = \beta$, 那么局中人 2 选择动作 2 的概率为 $P\{b_c = 2\} = 1 - \beta$. 设 $V_r(\alpha, \beta)$ 和 $V_c(\alpha, \beta)$ 分别是行局中人和列局中人的期望支付, 表示为

$$
\begin{aligned}
V_r(\alpha, \beta) &= \alpha\beta a_{11} + \alpha(1 - \beta)a_{12} + (1 - \alpha)\beta a_{21} + (1 - \alpha)(1 - \beta)a_{22} \\
&= u_r \alpha\beta + \alpha(a_{12} - a_{22}) + \beta(a_{21} - a_{22}) + a_{22}, \\
V_c(\alpha, \beta) &= \alpha\beta b_{11} + \alpha(1 - \beta)b_{12} + (1 - \alpha)\beta b_{21} + (1 - \alpha)(1 - \beta)b_{22} \\
&= u_c \alpha\beta + \alpha(b_{12} - b_{22}) + \beta(b_{21} - b_{22}) + b_{22}.
\end{aligned}
$$

通过计算局中人期望支付相对于其混合策略的偏导数, 可估计当局中人选择策略时对其预期回报的影响,

$$
\frac{\partial V_r(\alpha, \beta)}{\partial \alpha} = \beta u_r - (a_{22} - a_{12}),
$$

$$\frac{\partial V_c(\alpha, \beta)}{\partial \beta} = \alpha u_c - (b_{22} - b_{12}),$$

其中 $u_r = a_{11} + a_{22} - a_{21} - a_{12}$, $u_c = b_{11} + b_{22} - b_{21} - b_{12}$. 在梯度上升学习算法中, 局中人每次迭代后都会调整策略以增加期望回报. 这意味着局中人将朝着支付梯度上升方向移动他们的策略. 如果 (α_k, β_k) 是第 k 次迭代的策略, 双方都使用梯度上升学习, 则策略更新公式为

$$\alpha_{k+1} = \alpha_k + \eta \frac{\partial V_r(\alpha_k, \beta_k)}{\partial \alpha_k},$$

$$\beta_{k+1} = \beta_k + \eta \frac{\partial V_c(\alpha_k, \beta_k)}{\partial \beta_k},$$

其中步长 η 的范围为 $0 \leqslant \eta < 1$. 假设每个局中人都已知对手策略, Singh 等[82] 证明了无穷小梯度上升 (infinite gradient ascent) 算法中局中人的平均回报收敛于 Nash 平衡.

(2) Q 学习机制

强化学习假设个体不考虑未选策略的支付信息, 将个体的学习过程视作试探评价过程, 个体选择一个动作作用于环境, 环境接受该动作后状态发生变化, 同时反馈给个体一个强化信号 (奖励), 个体基于强化信号以正的概率再选择下一个动作, 选择的动作不仅影响当前的强化值, 而且影响下一时刻的状态和最终的强化值[31]. 强化学习是一种利用经验不断试错的学习方式, 而多智能强化学习是该学习方式在多智能体场景的拓展形式. 强化学习也是一种学习的计算方法, 通过这种方法, 智能体与复杂和不确定的环境交互时, 努力使其获得的回报或收益最大化[31]. 1989 年, Watkins[84] 首次提出 Q 学习算法, 它是一种行之有效的强化学习方法. 随后, Watkins 等[85] 证明了在所有状态下全部动作被重复采样, 动作-值函数是离散情形时, Q 学习的最优状态值函数依概率收敛到 1. Q 学习是一种行之有效的强化学习方法, 由状态 s、动作 a、奖励 f、下一状态 s' 和下一动作 a' 五个部分组成的更新序列, Q 学习更新公式如下:

$$Q_{t+1}(s, a) \leftarrow (1 - \nu)Q_t(s, a) + \nu \left(f_{t+1} + \gamma \max_{a'} Q_t(s', a') \right), \tag{1.13}$$

其中 $Q_{t+1}(s, a)$ 表示在 $t + 1(t \geqslant 0)$ 时刻的状态值估计. $Q_t(s, a)$ 表示当前状态在 t 时刻的状态值估计. $\max_{a'} Q_{t+1}(s', a')$ 表示在 $t + 1$ 时刻伴随着状态 s' 和动作 a' 的最大状态估计值. f_{t+1} 表示下一个时间步 $t + 1$ 时刻所访问状态的回报. ν 是一个常用的步长参数, γ 表示折扣系数. Q 学习的迭代过程显示了探索与开发之间的均衡过程, 其中探索本质上是一种变化, 开发则是一种选择.

式 (1.13) 与时间差分预测更新规则非常类似, 只有很小的差别. Q 学习更新具体步骤如下.

步骤 1　首先, 初始化 Q 函数为某一函数值.

步骤 2　根据 ε 贪婪策略 $(\varepsilon > 0)$ 在状态 s 下执行某一动作 a, 并转移到新状态.

步骤 3　根据式 (1.13) 更新上一状态的 Q-值.

步骤 4　重复执行步骤 2 和步骤 3, 直到达到最终状态.

Q 学习算法的流程如图 1.2 所示.

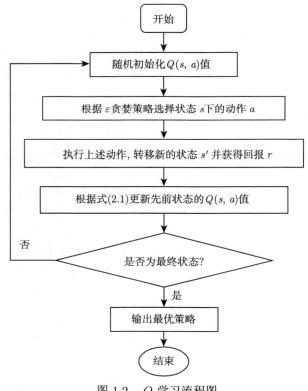

图 1.2　Q 学习流程图

(3) 最小化后悔值的学习机制

Renou 和 Schlag[86] 在非合作博弈模型中引入了一种新的均衡, 被称为极小化极大后悔值均衡. 该均衡既不假设理性上的相互知识或共同知识, 也不假设猜想的共同知识. 当决策面临不确定性情形时, 局中人不知道其对手的理性程度, 局中人将猜测对手如何行动. 显然, 此时的局中人形成了一种主观的概率评价并作出最优反应, 但是主观概率评价是非常随意的, 并不是一个很好的评判标准. 然而在决策过程中, 局中人对其他局中人的理性和猜测的不确定性是一个非常本质的问题. 幸运的是, Renou 和 Schlag 引入了 "后悔值" 这一概念作为标准, 即在人们决策中遵循极小极大后悔值原则, 这一原则指的是局中人抓住最要紧的机会, 最小化最大的后悔. 最小化后悔值是一种强化学习方法, 博弈中的后悔值作用是根据对过去博弈中行为动作的后悔程度来调整未来的动作选择. 最小化后悔值学习的核心思想是当智能体在学习过程中采取动作后, 局中人获得回报, 智能体可以回顾迄今为止采取的动作和回报的历史, 智能体后悔没有采取另一个动作, 即事后最佳的动作. 由于保持动作和奖励的历史记录是非常昂贵的, 大多数后悔值最小化算法使用损失 ϑ_k 的概念来聚合每个动作 k 的历史记录, 使用损失来更新动作选择的概率. 为了在事后确定最佳动作, 智能体需要知道他本可以获得什么奖励, 这是系统可以提供的. 所采取的每一个动作 k 都会产生一个回报 r_k, 在事后看来最优回报 r 是确定的, 而执行动作 k 的损失为 $\vartheta_k = r - r_k$, 其中 ϑ_k 为后悔的衡量标准. 因此, 借助强化学习研究博弈过程中策略的选择、合作行为的产生与维持以及 Nash 平衡的实现具有一定的理论和应用价值.

(4) 短视调整过程的学习机制

为什么局中人 (代理人) 应该采用均衡策略是一个很经典的问题. 局中人通过 "自省和计算" 得出这些策略的解释受到了许多事实挑战. 因为在实验中观察到局中人在一段时间 "学习" 之后达到均衡, 许多研究者针对静态博弈专注于部分理性学习规则的定义和分析, 比如虚拟行动或部分最佳回应. 一般地, 计算所考虑的博弈动态平均场均衡是不可能的, 对于给定群体分布的非恒定流, 甚至不可能明确地描述个体控制问题的解决方案. 此外在有限时间范围的情况下, 寻找均衡点只能简化为常微分方程的正向反向系统, 而绝大多数情况下只能用数值方法求解. 此时则可考虑定义一个合理的局中人学习决策机制, 即短视调整学习进程.

有限状态和有限动作空间平均场博弈是一类特殊的具有连续体的动态博弈. Carmona 和 Delarue[87] 考虑了有限状态平均场博弈模型, 其中个体动态由连续时间 Markov 链给出. Carmona 和 Wang[88] 考虑了一个具有有限状态空间的扩展平均场博弈模型, 其中个体动态由连续时间 Markov 链给出, 取决于当前动作和当前群体分布. 由于时间齐次性和无限时间范围, 在某一时刻具有当前群体分布的博弈相当于在初始时刻以初始群体分布开始的博弈, 可知单个局中人对博弈特征的影响, 对其他局中人回报影响是微不足道的. 因此, 可以合理假设, 局中人不会试图影响其他局中人的选择而只是最大化自己的回报. 另外, 由于时间同质性以及对其他局中人的影响可以忽略不计, 可合理地假设局中人的选择只依赖于当前状态和当前群体分布的 Markov 决策过程 (Markov decision process, MDP). 因此, 假设局中人在给定当前群体分布的情况下选择最优策略时, 群体分布是恒定的. 这种短视不仅是一种经典的简化, 也是局中人在这种情况下可以计算的唯一合理的预测. 事实上, 在这种情况下, 人们无法计算出具有非平稳转换比率和奖励的 MDP 最优策略. 给定对群体行为的恒定预测, 优化问题就变成了一个具有平稳转化比率和奖励可处理的 MDP. 对于所考虑的优化问题, 总是存在一个最优的平稳策略[58], 假设局中人选择这样一个平稳分布是很自然的. 因此, 尝试用短视调整学习进程去实现有限状态和有限动作空间平均场博弈的平稳平均场均衡具有一定理论基础和现实意义.

第 2 章　N 人非合作有限博弈 Nash 平衡实现算法

2.1　引　　言

2.1.1　N 人非合作有限博弈

以下 N 人非合作有限博弈的模型是由 Nash 提出的, 见文献 [3] 和 [89–91].

设 $\mathcal{N} = \{1, \cdots, N\}$ 是局中人的集合, N 表示局中人的数量, $\forall i \in \mathcal{N}$. 局中人 i 的纯策略集是有限集 $S_i = \{s_{i1}, s_{i2}, \cdots, s_{im_i}\}$, 混合策略是

$$X_i = \{x_i = (x_{i1}, x_{i2} \cdots, x_{im_i}) : x_{ik_i} \geqslant 0, k_i = 1, 2, \cdots, m_i, \sum_{k_i=1}^{m_i} x_{ik_i} = 1\},$$

当每个局中人 i 选择纯策略 $s_{ik_i} \in S_i$ 时, $i = 1, 2, \cdots, N$, 局中人 i 得到的支付为实数 $R_i(s_{1k_1}, s_{2k_2}, \cdots, s_{Nk_N})$. 记 $X = \prod_{i=1}^{N} X_i$, $\forall x = (x_1, \cdots, x_N) \in X$, 当每个局中人 i 选择混合策略 $x_i = (x_{i1}, x_{i2}, \cdots, x_{im_i})$ (即局中人 i 以 x_{i1} 的概率选择纯策略 $s_{i1}, \cdots$, 以 x_{im_i} 的概率选择纯策略 s_{im_i}) 时, $i = 1, 2, \cdots, N$, 并假定他们的选择是独立的, 则局中人 i 得到的期望支付为实数

$$u_i(x_1, x_2, \cdots, x_N) = \sum_{k_1=1}^{m_1} \sum_{k_2=1}^{m_2} \cdots \sum_{k_N=1}^{m_N} R_i(s_{ik_1}, s_{ik_2}, \cdots, s_{Nk_N}) \cdot \prod_{i=1}^{N} x_{ik_i}.$$

$\forall i \in \mathcal{N}$, 记 $-i = \mathcal{N} \setminus \{i\}$, $u_i(x_1, x_2, \cdots, x_N) = u_i(x_i, x_{-i})$. 因此, 若存在 $x^* = (x_1^*, \cdots, x_N^*) \in X$, 使得 $\forall i \in \mathcal{N}$, 有

$$u_i(x_i^*, x_{-i}^*) = \max_{x_i \in X_i} u_i(x_i, x_{-i}^*),$$

则 x^* 被称为此 N 人非合作有限博弈的 Nash 平衡. 在 Nash 平衡处, 每个局中人都不能通过单独偏离自己的策略而使自己获得更大的利益.

定理 2.1 [3] N 人非合作有限博弈必存在混合策略 Nash 平衡点.

接下来介绍双矩阵博弈 Nash 平衡, 见文献 [89–91].

考虑以下博弈: 设局中人 1 有 m 个策略 $\{a_1, \cdots, a_m\}$, 局中人 2 有 n 个策略 $\{b_1, \cdots, b_n\}$, 局中人 1 选择策略 a_i, 局中人 2 选择策略 b_j, 局中人 1 得到的

支付为 c_{ij}, 局中人 2 得到的支付为 d_{ij}, 如果对某些 i 和 j, 有 $c_{ij} > 0$ 和 $d_{ij} > 0$, 则局中人 1 选择策略 a_i, 局中人 2 选择策略 b_j, 这就是双赢; 反之, 如果对某些 i 和 j, 有 $c_{ij} < 0$ 和 $d_{ij} < 0$, 则局中人 1 选择策略 a_i, 局中人 2 选择策略 b_j, 这就是双输. 因为 $\{c_{ij}\}$ 和 $\{d_{ij}\}$ ($\forall i = 1, 2, \cdots, m$; $\forall j = 1, 2, \cdots, n$) 构成两个矩阵, 这一博弈就称为双矩阵博弈. 将 $\{a_1, \cdots, a_m\}$ 和 $\{b_1, \cdots, b_n\}$ 分别称为局中人 1 和局中人 2 的纯策略集, 而将

$$X = \{x = (x_1, \cdots, x_m) : x_i \geqslant 0, i = 1, \cdots, m, \sum_{i=1}^{m} x_i = 1\}$$

和

$$Y = \{y = (y_1, \cdots, y_n) : y_j \geqslant 0, j = 1, \cdots, n, \sum_{i=1}^{n} y_i = 1\}$$

分别称为局中人 1 和局中人 2 的混合策略集. 如果局中人 1 选择混合策略 $x = (x_1, \cdots, x_m) \in X$, 局中人 2 选择混合策略 $y = (y_1, \cdots, y_n) \in Y$, 也就是说, 局中人 1 以 x_1 的概率选择纯策略 a_1, $\cdots$, 以 x_m 的概率选择纯策略 a_m; 局中人 2 以 y_1 的概率选择纯策略 b_1, $\cdots$, 以 y_n 的概率选择纯策略 b_n. 并假定他们的选择是独立的, 则局中人 1 和局中人 2 得到的期望支付分别为 $\sum_{i=1}^{m} \sum_{j=1}^{n} c_{ij} x_i y_j$ 和 $\sum_{i=1}^{m} \sum_{j=1}^{n} d_{ij} x_i y_j$. 每个局中人都是理性的, 都希望自己能获得最大的利益. 因此, 如果存在 $x^* = (x_1^*, \cdots, x_m^*) \in X$ 和 $y^* = (y_1^*, \cdots, y_n^*) \in Y$, 使得

$$\sum_{i=1}^{m} \sum_{j=1}^{n} c_{ij} x_i^* y_j^* = \max_{x \in X} \sum_{i=1}^{m} \sum_{j=1}^{n} c_{ij} x_i y_j^*,$$

$$\sum_{i=1}^{m} \sum_{j=1}^{n} d_{ij} x_i^* y_j^* = \max_{y \in Y} \sum_{i=1}^{m} \sum_{j=1}^{n} d_{ij} x_i^* y_j,$$

则局中人 1 选择混合策略 x^*, 局中人 2 选择混合策略 y^*, 博弈就形成平衡, 此时谁也不能通过单独改变自己的策略而使自己获得更大的利益. $(x^*, y^*) \in X \times Y$ 称为此双矩阵博弈的混合策略 Nash 平衡点. 特别地, 设局中人 1 选择混合策略为 $x = (x_1, \cdots, x_m) \in X$, 局中人 2 选择混合策略为 $y = (y_1, \cdots, y_n) \in Y$, $C_{m \times n}$ 和 $C'_{m \times n}$ 分别表示局中人 1 和 2 的收益矩阵, 则局中人 1 和 2 的期望支付分别为 xCy^{T} 和 $xC'y^{\mathrm{T}}$. 等价地可以得到, (x^*, y^*) 是双矩阵博弈的一个 Nash 均衡的充分必要条件是:

$$\begin{cases} x^* C y^{*\mathrm{T}} \geqslant x C y^{*\mathrm{T}}, & \forall x \in X, \\ x^* C' y^{*\mathrm{T}} \geqslant x^* C' y^{\mathrm{T}}, & \forall y \in Y. \end{cases}$$

定理 2.2 [89-91] 双矩阵博弈必存在混合策略 Nash 平衡点.

注 2.1　　双矩阵博弈是 N 人非合作有限博弈的特例, 之所以称之为 N 人非合作有限博弈, 是因为这里每个局中人的纯策略集都是有限集且都考虑混合策略.

2.1.2　一般 N 人非合作博弈

一般 N 人非合作博弈 Nash 平衡, 主要参考文献 [56,89-93].

一般 N 人非合作博弈模型可表示为一个元组 $\Gamma_1 =< \mathcal{N}, (X_i, u_i)_{i \in \mathcal{N}} >$, 其中 $\mathcal{N} = \{1, \cdots, N\}$ 是局中人的集合, N 为局中人的个数. 设 X_i 是局中人 i 的策略集, 它是 $\mathbb{R}^{k_i}$ 中的非空集合, $X = \prod\limits_{i=1}^{N} X_i$ 是所有局中人策略集的笛卡儿乘积, $\forall x = (x_1, \cdots, x_N) \in X$. $u_i : X \to \mathbb{R}$ 是局中人 i 的支付函数.

$\forall i \in \mathcal{N}$, 记 $-i = \mathcal{N} \setminus \{i\}$, $X_{-i} = \prod\limits_{j=1, j \neq i}^{N} X_j$, $u_i(x_1, x_2, \cdots, u_N) = u_i(x_i, x_{-i})$, 其中 $x_{-i} \in X_{-i}$. 如果存在 $x^* = (x_1^*, \cdots, x_N^*) \in X$, 使得 $\forall i \in \mathcal{N}$, 有

$$u_i(x_i^*, x_{-i}^*) = \max_{x_i \in X_i} u_i(x_i, x_{-i}^*),$$

则 x^* 被称为此 N 人非合作博弈的 Nash 平衡. 在 Nash 平衡处, 每个局中人都不能通过单独偏离自身的策略而使自己获得更大的利益.

$\forall i \in \mathcal{N}$, 定义局中人 i 的最佳回应集值映射 $\mathbf{B}_i : X_{-i} \to 2^{X_i}$ 如下[56,89-93]: $\forall x_{-i} \in X_{-i}$,

$$\mathbf{B}_i(x_{-i}) = \left\{ w_i \in X_i : u_i(w_i, x_{-i}) = \max_{x_i \in X_i} u_i(x_i, x_{-i}) \right\},$$

$\mathbf{B}_i(x_{-i})$ 是当除局中人 i 之外的其他 $N-1$ 个局中人选取策略 $x_{-i} \in X_{-i}$ 时, 局中人 i 的最佳回应. $\forall x \in X$, 定义集值映射 $\mathbf{B} : X \to 2^X$ 如下: $\forall x = (x_1, \cdots, x_N) \in X$,

$$\mathbf{B}(x) = \prod_{i=1}^{N} \mathbf{B}_i(x_{-i}),$$

集值映射 $\mathbf{B} : X \to 2^X$ 称为此 N 人非合作博弈的最佳回应映射.

定理 2.3 [56,89-91] $x^* \in X$ 是 N 人非合作博弈 Nash 均衡的充分必要条件为 $x^* \in X$ 是最佳回应映射 $\mathbf{B} : X \to 2^X$ 的不动点.

定理 2.4 [56,89-91] $\forall i \in \mathcal{N}$, 设 X_i 是 $\mathbb{R}^{k_i}$ 中的非空有界闭凸集, $X = \prod\limits_{i=1}^{N} X_i$, $u_i : X \to \mathbb{R}$ 是连续的, 且 $\forall x_{-i} \in X_{-i}$, $x_i \to u_i(x_i, x_{-i})$ 在 X_i 上是拟凹的, 则 N 人非合作博弈的 Nash 均衡存在.

显然, N 人非合作有限博弈 (包括双矩阵博弈) 是一般 N 人非合作博弈的特例.

2.2　免疫粒子群算法求解双矩阵博弈的 Nash 平衡

2.2.1　免疫粒子群算法的思想及其实现步骤

免疫粒子群优化 (immune particle swarm optimization, IPSO, 简称 "免疫粒子群") 算法是在基本粒子群算法的框架上, 将生命科学中的免疫原理引入到粒子群算法中, 将待求问题视为抗原, 每一个抗体都代表问题的一个解, 同时每一个抗体也是粒子群中的一个粒子. 抗原与抗体的亲和度由粒子群算法中的适应度来衡量, 反映了对目标函数及约束条件的满足程度, 抗体之间的亲和力则反映了粒子之间的差异, 即粒子多样性. 在粒子 (抗体) 群体更新的过程中, 总是希望适应度高的粒子 (抗体) 被留下来, 但是如果此类粒子 (抗体) 过于集中, 则很难保证粒子 (抗体) 的多样性, 很容易使算法陷入局部最优, 而丢失那些适应度差但却保持着较好进化趋势的粒子 (抗体). 另外, 需要指出的一个事实是, 免疫粒子群算法本质上是一种智能迭代算法, 在算法的迭代过程中, 粒子会根据观察到的博弈结果向自身的最优解进化, 且同时向群体中表现最好的同伴进化. 每个局中人都会根据进化过程中的个体极值和群体极值, 不断地调整自己的策略, 最终趋向博弈的均衡点. 因此, 本节把免疫算法中免疫记忆功能与自我调节机制引入粒子群算法, 借助粒子 (抗体) 浓度的概率选择公式来保持各适应度层次的粒子维持一定的浓度, 以保持种群的多样性.

在本节中, 算法的每一个粒子由所有局中人的混合策略表示, 即 $x = (x_1, x_2, \cdots, x_N)$, 定义免疫粒子群算法和自适应小生境粒子群算法的适应度函数如下:

$$f(x) = \sum_{i=1}^{N} \max\{u_i(x \parallel s_i^j - u_i(x)), 0\}, \ 1 \leqslant j \leqslant m_i.$$

显然, 根据 Nash 平衡的定义和性质易得: 混合策略 x^* 是 N 人非合作有限博弈的一个 Nash 平衡解的充分必要条件是: 存在 x^*, 使得 $f(x^*) = 0$, 且对任意的 $x \neq x^*$, 有 $f(x) > 0$.

特别地, 对于双矩阵博弈, 算法中每个粒子由两个局中人的混合策略表示, 即 $z = (x, y)$, 定义双矩阵博弈的适应度如下:

$$f(z) = \max\{\max_{1 \leqslant i \leqslant m}(C_i. y^{\mathrm{T}} - xCy^{\mathrm{T}}), 0\} + \max\{\max_{1 \leqslant j \leqslant n}(xC'_{.j} - xC'y^{\mathrm{T}}), 0\},$$

其中 $C_i.$ 表示矩阵 $C_{m \times n}$ 的第 i 行, $C'_{.j}$ 表示矩阵 $C'_{m \times n}$ 的第 j 列. 同理, 根据 Nash 平衡的定义和性质易得: 混合策略 $z^* = (x^*, y^*)$ 是双矩阵博弈的一

个 Nash 平衡解的充分必要条件是: 存在 $z^* = (x^*, y^*)$, 使得 $f(z^*) = 0$, 且对任意的 $z \neq z^*$, 有 $f(z) > 0$.

因此, N 人非合作有限博弈的混合策略组合空间内只有 Nash 平衡点的适应度最小. 定义第 i 个粒子的浓度如下[94,95]:

$$D(x_i) = \frac{1}{\sum\limits_{i=1}^{N+M} |f(x_i) - f(x_j)|}, \quad i = 1, 2, \cdots, N + M.$$

基于上述粒子 (抗体) 浓度的概率选择公式定义如下:

$$\mathcal{P}(x_i) = \frac{\dfrac{1}{D(x_i)}}{\sum\limits_{i=1}^{N+M} \dfrac{1}{D(x_i)}} = \frac{\sum\limits_{j=1}^{N+M} |f(x_i) - f(x_j)|}{\sum\limits_{i=1}^{N+M} \sum\limits_{j=1}^{N+M} |f(x_i) - f(x_j)|}, \quad i = 1, 2, \cdots, N + M, \quad (2.1)$$

其中 x_i 和 $f(x_i)(i = 1, 2, \cdots, N + M)$ 分别表示第 i 个粒子 (抗体) 和适应度函数值.

免疫粒子群算法的实现步骤如下:

步骤 1 确定免疫粒子群算法的参数值. 包括学习因子 c_1 和 c_2、最大迭代次数 T_{max}、最大惯性权重 w_{max}、最小惯性权重 w_{min}、精度 ε、群体规模 N.

步骤 2 随机生成 N 个粒子 x_i 和初始化速度 v_i, 形成初始化种群 p_0, x_i 满足 $\sum\limits_{j=1}^{m_i} x_i^j = 1, x_i^j \geqslant 0, x_i^j \in x_i, i = 1, \cdots, N, j = 1, \cdots, m_i$, 且每个粒子的初始速度 v_i 满足 $\sum\limits_{j=1}^{m_i} v_i^j = 1, v_i^j \in v_i, j = 1, \cdots, m_i$.

步骤 3 根据适应度函数计算每个粒子适应度, 找到粒子的个体极值 $p_{best}(i)$, $i = 1, \cdots, N$ 和全体极值 g_{best}.

步骤 4 按照式 (1.5) 计算惯性权重 w.

步骤 5 按照式 (1.3) 和式 (1.4) 更新粒子的速度和位置, 并将 g_{best} 对应的位置粒子存入记忆库.

步骤 6 依次检验第 i 个粒子的位置 $x_i^{k+1} \geqslant 0$, 否则计算控制步长 α_t, 使得 $x_i^{k+1} = x_i^k + \alpha_i v_i^{k+1} \geqslant 0 \Big($其中 $\alpha_t = \min\Big\{\alpha_i^j \geqslant 0 \mid \alpha_i^j = -\dfrac{(x_i^k)_j}{(v_i^{k+1})_j}\Big\}\Big)$, $i = 1, \cdots, N, j = 1, \cdots, m_i$, 然后对每一个 x_i^{k+1} 进行归一化处理, 即 $x_i^{k+1} = \Big(\dfrac{(x_i^{k+1})_1}{\sum\limits_{j=1}^{m_i} (x_i^{k+1})_j}, \cdots, \dfrac{(x_i^{k+1})_{m_i}}{\sum\limits_{j=1}^{m_i} (x_i^{k+1})_j}\Big)$, 这样就可以保证所有粒子在每一次迭代过程中都

在其策略空间内.

步骤 7　随机生成 M 个粒子, 同步骤 3.

步骤 8　根据浓度的粒子选择概率公式 (2.1), 从 $N + M$ 个粒子中依据概率大小来选取 N 个粒子.

步骤 9　以记忆库中的粒子代替适应度最差的粒子, 生成一个新粒子群 p_1, 准备进入下一次迭代.

步骤 10　根据精度和最大迭代次数判断是否结束迭代, 并输出符合条件的最优粒子 (即近似解) 和迭代次数, 否则转步骤 3.

2.2.2　算法性能评价

作为一种演化智能算法, 免疫粒子群算法与遗传算法有很多相似之处, 因此, 算法性能的评价可以借鉴文献 [96] 中的针对分析遗传算法性能而提出的定量方法, 本节以离线性能测试算法的收敛特性.

定义 2.1　设 $X_e^*(s)$ 为环境 e 下策略 s 的离线性能, $f_e^*(t)$ 为第 t 代相应于环境 e 的最佳适应度, 则有 $X_e^* = \dfrac{1}{T} \sum\limits_{t=1}^{T} f_e^*(t)$, 即离线性能是到第 t 代最佳适应度值的平均.

2.2.3　数值实验结果

1. 与免疫算法计算结果的比较

首先考虑文献 [64, 97, 98] 中用免疫算法给出的 4 个经典的 2×2 的博弈: 囚徒困境博弈 (例 2.1)、智猪博弈 (例 2.2)、猜谜博弈 (例 2.3) 和监察博弈 (例 2.4) 以及 1 个 3×2 博弈 ($m \times n$ 的博弈情形完全类似) 作为算例, 分别用免疫粒子群算法求解, 算法参数设置为: 群体规模为 $N = 10, M = 5$, 学习因子 $c_1 = c_2 = 2$, 最大迭代次数为 300, 精度设置为 $\varepsilon = 10^{-1}$, 其计算结果如表 2.1 ∼ 表 2.5 所示.

例 2.1　囚徒困境博弈 $< X_1, Y_1, C_1, C_1' >$, 其中

$$C_1 = \begin{bmatrix} -8 & 0 \\ -15 & -1 \end{bmatrix}, \quad C_1' = \begin{bmatrix} -8 & -15 \\ 0 & -1 \end{bmatrix}.$$

例 2.2　智猪博弈 $< X_2, Y_2, C_2, C_2' >$, 其中

$$C_2 = \begin{bmatrix} 1.5 & -0.5 \\ 5 & 0 \end{bmatrix}, \quad C_2' = \begin{bmatrix} 3.5 & 6 \\ 0.5 & 0 \end{bmatrix}.$$

例 2.3　猜谜博弈 $< X_3, Y_3, C_3, C_3' >$, 其中

$$C_3 = \begin{bmatrix} 1 & -1 \\ -1 & 1 \end{bmatrix}, \quad C_3' = \begin{bmatrix} -1 & 1 \\ 1 & -1 \end{bmatrix}.$$

例 2.4 监察博弈 $< X_4, Y_4, C_4, C_4' >$，其中

$$C_4 = \begin{bmatrix} 0 & 50 \\ 30 & 30 \end{bmatrix}, \quad C_4' = \begin{bmatrix} -10 & -50 \\ 60 & 70 \end{bmatrix}.$$

例 2.5 考虑博弈 $< X_5, Y_5, C_5, C_5' >$，其中

$$C_5 = \begin{bmatrix} 4 & 6 \\ 2 & 3 \\ 3 & 2 \end{bmatrix}, \quad C_5' = \begin{bmatrix} 3 & 2 \\ 1 & 6 \\ 0 & 8 \end{bmatrix}.$$

表 2.1 例 2.1 中囚徒困境博弈 $< X_1, Y_1, C_1, C_1' >$ 的计算结果

CN[1]	IN[2]	P_1M[3]	P_2M[4]	FFV[5]
1	6	(0.9955, 0.0045)	(1.0000, 0)	0.0314
2	5	(0.9950, 0.0050)	(0.9973, 0.0027)	0.0539
3	7	(0.9925, 0.0075)	(0.9970, 0.0030)	0.0736
4	8	(0.9883, 0.0117)	(1.0000, 0)	0.0821
5	7	(0.9933, 0.0067)	(1.0000, 0)	0.0466

1 计算次数 (number of calculation, CN);

2 迭代次数 (number of iteration, IN);

3 局中人 1 混合策略 (the mixed strategy of player 1, 简记为 P_1M);

4 局中人 2 混合策略 (the mixed strategy of player 2, 简记为 P_2M);

5 适应度函数值 (fitness function value, FFV).

表 2.2 例 2.2 中智猪博弈 $< X_2, Y_2, C_2, C_2' >$ 的计算结果

CN	IN	P_1M	P_2M	FFV
1	7	(0, 1.0000)	(0.8143, 0.1857)	0.0928
2	3	(0, 1.0000)	(0.8574, 0.1426)	0.0713
3	1	(0, 1.0000)	(0.8612, 0.1388)	0.0694
4	1	(0, 1.0000)	(0.9669, 0.0331)	0.0165
5	2	(0.0014, 0.9986)	(0.9364, 0.0636)	0.0360

表 2.3 例 2.3 中猜谜博弈 $< X_3, Y_3, C_3, C_3' >$ 的计算结果

CN	IV	P_1M	P_2M	FFV
1	4	(0.5008, 0.4992)	(0.4749, 0.5251)	0.0519
2	1	(0.4984, 0.5016)	(0.5432, 0.4568)	0.0895
3	4	(0.4795, 0.5205)	(0.5237, 0.4763)	0.0882
4	5	(0.5047, 0.4953)	(0.4773, 0.5227)	0.0547
5	3	(0.5376, 0.4624)	(0.5007, 0.4993)	0.0766

表 2.4   例 2.4 中监察博弈 $< X_4, Y_4, C_4, C_4' >$ 的计算结果

CN	IN	P_1M	P_2M	FFV
1	9	$(0.1963, 0.8037)$	$(0.4006, 0.5994)$	0.0806
2	17	$(0.1964, 0.8036)$	$(0.3998, 0.6002)$	0.0794
3	18	$(0.2005, 0.7995)$	$(0.4024, 0.5976)$	0.0387
4	13	$(0.1968, 0.8032)$	$(0.4024, 0.5976)$	0.0876
5	11	$(0.1998, 0.8002)$	$(0.4075, 0.5925)$	0.0777

表 2.5   例 2.5 中考虑博弈 $< X_5, Y_5, C_5, C_5' >$ 的计算结果

CN	IN	P_1M	P_2M	FFV
1	21	$(1.0000, 0.0000, 0)$	$(0.9920, 0.0080)$	0.0081
2	17	$(0.9939, 0.0017, 0.0044)$	$(1.0000, 0)$	0.0078
3	14	$(0.9988, 0, 0.0012)$	$(0.9921, 0.0079)$	0.0091
4	13	$(0.9984, 0.0016, 0)$	$(0.9949, 0.0051)$	0.0083
5	20	$(0.9951, 0, 0.0049)$	$(0.9976, 0.0024)$	0.0073

由 5 次计算实验可知, 相比较于文献 [64], 用免疫粒子群算法在适应度函数精度增大 30 倍 ($\varepsilon = 10^{-1}$) 和群体规模 $N = 10$ 的情形下, 例 2.1 ~ 例 2.4 的 5 次计算结果分别仅需要平均迭代 7 代、3 代、4 代和 14 代, 优于文献 [64] 用免疫算法给出的结果 (文献 [64] 中例 2.1 ~ 例 2.4 在适应度函数精度 $\varepsilon = 3$ 和群体规模 $N = 400$ 的情形下, 5 次计算结果分别需要平均迭代 34 代、14 代、14 代和 25 代. 由于文献 [64] 没有计算出例 2.5 的迭代次数, 所以无法比较). 通过以上计算结果的比较可以看出, 本节的免疫粒子群算法不仅在计算结果的精度和迭代次数上比文献 [64] 中的免疫算法有了较大的改进, 而且粒子群的种群规模也大大减小, 一定程度上缩短了算法的迭代时间.

2. 与基本粒子群算法计算结果的比较

考虑文献 [65, 99] 中共同给出的一个博弈 (例 2.6), 用本节给出的免疫粒子群算法对该算例运行 5 次 (算法的参数设置为: 群体规模 $N = 10$, $M = 5$, 学习因子 $c_1 = c_2 = 2$, 最大迭代次数为 1000, 精度设置为 $\varepsilon = 10^{-4}$), 结果见表 2.6.

表 2.6   例 2.6 中博弈 $< X_6, Y_6, C_6, C_6' >$ 的计算结果

CN	IN	P_1M	P_2M	FFV
1	290	$(0.3333, 0.3334, 0.3333)$	$(0.3334, 0.3333, 0.3333)$	8.3480e-005
2	301	$(0.3334, 0.3333, 0.3333)$	$(0.3333, 0.3334, 0.3333)$	9.7507e-005
3	284	$(0.3333, 0.3334, 0.3333)$	$(0.3334, 0.3332, 0.3334)$	9.4601e-005
4	280	$(0.3333, 0.3334, 0.3333)$	$(0.3332, 0.3334, 0.3334)$	8.2297e-005
5	287	$(0.3333, 0.3333, 0.3334)$	$(0.3333, 0.3333, 0.3334)$	7.8399e-005

例 2.6 考虑博弈 $< X_6, Y_6, C_6, C_6' >$, 其中

$$C_6 = \begin{bmatrix} 1 & 0 & 0 \\ 0 & 1 & 0 \\ 0 & 0 & 1 \end{bmatrix}, \quad C_6' = \begin{bmatrix} 0 & 1 & 0 \\ 0 & 0 & 1 \\ 1 & 0 & 0 \end{bmatrix}.$$

通过 5 次计算实验可知, 在同样精度 ($\varepsilon = 10^{-4}$) 的要求下, 用本节算法平均进化到 288 代后得到该博弈的近似解 (0.3333, 0.3333, 0.3333; 0.3333, 0.3333, 0.3333), 优于文献 [65] 中用基本粒子群算法计算得到 376 代结果, 当然也优于文献 [99] 中用遗传算法计算到 400 代的结果. 由图 2.1 可知, 分别用两条曲线表示本节给出的免疫粒子群算法和文献 [65] 中基本粒子群算法求解博弈 $< X_6, Y_6, C_6, C_6' >$ 的离线性能. 通过比较可以看出, 免疫粒子群算法在求解博弈均衡解的过程中比基本粒子群算法收敛更快.

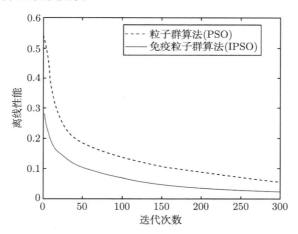

图 2.1　免疫粒子群算法与基本粒子群算法求解博弈 $< X_6, Y_6, C_6, C_6' >$ 的离线性能比较

2.3　自适应小生境粒子群算法求解双矩阵博弈多重 Nash 平衡

2.3.1　自适应小生境粒子群算法基本思想及其实现步骤

基本粒子群算法最早由 Kennedy 和 Eberhart 于 1995 年通过对鸟群觅食过程的分析和模拟提出[69], 之后由于该算法具有简单易行、收敛速度快和易于并行等特点在许多领域得到了应用和发展. 理论上可以通过多次运行基本粒子群算法来求解优化问题的多个最优解, 但是实际计算中粒子群在进化过程中易趋向同一化, 失去多样性, 从而使算法陷入局部最优解, 最终多次计算未必能收敛到多

个不同的最优解. 为此, 本节设计了自适应小生境粒子群算法, 其基本思想为引入序列生境的技术[100], 将粒子群算法和序列生境技术融合, 在粒子群进化中将那些与已经找到的最优解相似的粒子进行变异操作, 使它们有可能远离最优解区域, 即如果粒子群中某个粒子与小生境核集中任何一个小生境核的距离小于小生境半径 σ, 则用变异操作, 将该粒子按照一定的变异概率对其部分维进行变异, 使该粒子从这个最优解的区域跳跃到其他的最优解, 使得所有粒子尽可能分布到整个搜索空间的不同局部峰值区域, 从而有效地求得问题的多个最优解.

自适应小生境粒子群算法设计步骤如下:

步骤 1 设置初始参数, 产生初始粒子群.

步骤 2 执行粒子群算法各个步骤, 找到一个最优解, 并放入小生境核集中.

步骤 3 重新初始化粒子群.

步骤 4 利用粒子群算法寻求最优解的每代中, 执行以下第 (1) 步 $\sim$ 第 (3) 步操作:

(1) **变异条件判断** 判断是否有粒子包含在小生境核集之内, 若有, 执行第 (2) 步; 否则执行第 (3) 步.

(2) **变异操作** 对满足条件的粒子执行如下变异操作: 对粒子的所有维分别产生随机数 $r \in (0,1)$, 如果 $r < p_m$, p_m 为变异概率, 则对该粒子该维进行随机初始化, 否则该维保持不变. 然后对变异后新生成的粒子计算它的函数值, 如果优于小生境核集中的任一个值, 则重新进行变异操作; 否则转到第 (3) 步执行.

(3) 如果满足粒子群算法的终止条件, 则执行步骤 5; 否则返回步骤 4 继续执行.

步骤 5 将找到的一个最优解放入小生境核集中.

步骤 6 如果小生境核集中找到的最优解数目达到要求或满足算法停止条件, 则算法终止, 输出小生境核集中的全部最优解; 否则返回步骤 3 继续执行.

从上述自适应小生境粒子群算法的设计可以看出, 针对 N 人非合作有限博弈需要设计合适的粒子群算法和确定合适的小生境半径 σ, 首先设计粒子群算法步骤如下:

步骤 1 确定粒子群算法的参数值. 包括学习因子 c_1 和 c_2、最大迭代次数 T_{max}、最大惯性权重 w_{max}、最小惯性权重 w_{min}、精度 ε、群体规模 N.

步骤 2 随机生成 N 个粒子 x_i 和初始化速度 v_i, 形成初始化种群 p_0. 其中 x_i 满足 $\sum_{j=1}^{m_i} x_i^j = 1, x_i^j \geqslant 0, x_i^j \in x_i, i = 1, \cdots, N, j = 1, \cdots, m_i$, 并且每个粒子的初始速度 v_i 满足 $\sum_{j=1}^{m_i} v_i^j = 1, v_i^j \in v_i, j = 1, \cdots, m_i$.

步骤 3 根据适应度函数计算每个粒子适应度, 找到粒子的个体极值 $p_{best}(i)$,

$i = 1, \cdots, N$ 和粒子群的全体极值 g_{best}.

步骤 4　对每个粒子, 将其适应度与所经历过的最好位置的适应度进行比较. 如果更好, 则将其作为粒子的个体历史最优值, 用当前位置更新个体历史最好位置.

步骤 5　对每个粒子, 将其历史最优适应度与整个粒子群体内所经历的最好位置的适应度进行比较. 如果更好, 则将其作为当前的全局最好位置;

步骤 6　按照式 (1.5) 计算惯性权重 w. 按照式 (1.3) 和式 (1.4) 更新粒子的速度和位置.

步骤 7　根据精度和最大迭代次数判断是否结束迭代. 如果是则输出符合条件的最优粒子 (即近似解) 和迭代次数, 算法结束; 否则转步骤 3.

下面介绍自适应小生境半径的设计.

在自适应小生境算法中, 小生境半径的确定特别关键, 如果 σ 太大, 则不足以发现一些重要个体, 从而会遗漏一些极值点, 如果 σ 太小又会形成多余的不必要的局部最优解, 从而增加算法的计算量, 降低算法的计算效率. 实际问题中由于某些极值之间峰值常常随问题而变, 同时人们对所求问题解空间的结构事先很难有比较清晰的了解, 难以形成较为成熟的先验知识, 因此小生境半径 σ 的值很难预先得到. 若在搜索空间中所有的小生境半径简单地使用同一个固定的 σ, 则会导致计算效果不佳, 因此本节在借鉴文献 [101] 自适应序列生境鱼群算法中小生境半径的设置和调整方法的基础上, 设计了一种自适应序列小生境粒子群优化算法, 即先给出小生境半径 σ 的初始预测值, 然后再利用粒子群优化算法不断优化调整 σ 值, 具体的小生境半径自动调整方法如下:

假设小生境核集中某一最优解个体为 $x = (x_1^*, x_2^*, \cdots, x_D^*)$.

步骤 1　从个体 x 的 D 维变量中选择第 j 维变量 x_j.

步骤 2　设置第 j 维变量 x_j 朝定义域上限方向的小生境半径 σ_1 和下限方向的小生境半径 σ_2, 初始预测值 $\sigma_1 = \sigma_2 = \dfrac{w}{2m\sqrt{3j}}$ (初始预测值的具体数值可以随机给出, 比如也可以设置 $\sigma_1 = \sigma_2 = \dfrac{w}{m \times j}$), 其中 w 为第 j 维变量 x_j 的定义域长度, m 为峰的个数.

步骤 3　分别利用粒子群优化算法不断优化调整 σ_1 和 σ_2 的值, 调整方式如下:

- **调整 σ_1 的值**　**(3-1)** 利用粒子群优化算法寻求最小值 x_j', 使得 $f(x_1^*, x_2^*, \cdots, x_j, \cdots, x_D^*)$ 在 $(x_j^*, x_j^* + \sigma_1]$ 区间里达到最小;

  (3-2) 若最小解 $x_j' = x_j^* + \sigma_1$, 则调整半径 $\sigma_1 = \sigma_1 + \varepsilon$ (其中 $\varepsilon > 0$), 并且返回 (3-1) 重新执行. 否则 $(x_j' < x_j^* + \sigma_1)$, 取 $\sigma_1 = x_j' - x_j^*$.

- **调整 σ_2 的值**　**(3-3)** 利用粒子群优化算法寻求最小值 x_j'', 使得 $f(x_1^*, x_2^*, \cdots, x_j, \cdots, x_D^*)$ 在 $[x_j^* - \sigma_2, x_j^*)$ 区间里达到最小;

  (3-4) 若最小解 $x_j'' = x_j^* - \sigma_2$, 则调整半径 $\sigma_2 = \sigma_2 + \varepsilon$(其中 $\varepsilon > 0$), 并且返回 (3-3) 重新执行. 否则 $(x_j'' > x_j^* - \sigma_2)$, 取 $\sigma_2 = x_j^* - x_j''$.

步骤 4　计算个体 x 的第 j 维变量 x_j 的小生境半径为

$$\sigma(x_j) = \min(\sigma_1, \sigma_2).$$

步骤 5　重复步骤 1 ~ 步骤 4, 可以求出 x 中第 j 维变量 x_j 的小生境半径 $\sigma(x_j)(j = 1, 2, \cdots, D)$, 则以最优解个体 x 为核心的小生境半径 $\sigma(x) = \min\{\sigma(x_j), j = 1, 2, \cdots, D\}$.

2.3.2　数值实验结果

例 2.7 ~ 例 2.9 均来自文献 [99], 并将给出的自适应小生境粒子群算法的参数设置为: 群体规模 $N = 10$, 学习因子 $c_1 = c_2 = 2$, 最大迭代次数 $T_{max} = 500$, 精度设置为 $\varepsilon = 10^{-2}$, $w_{min} = 0.1$, 计算结果分别如表 2.7 ~ 表 2.9 所示.

例 2.7　考虑双矩阵博弈 $< X_7, Y_7, C_7, C_7' >$, 其中

$$C_7 = \begin{bmatrix} 1 & 5 & 4 \\ 3 & 4 & 2 \\ 2 & 7 & 6 \end{bmatrix}, \quad C_7' = \begin{bmatrix} 1 & 3 & 5 \\ 5 & 1 & 4 \\ 2 & 7 & 1 \end{bmatrix}.$$

例 2.8　考虑双矩阵博弈 $< X_8, Y_8, C_8, C_8' >$, 其中

$$C_8 = \begin{bmatrix} 2 & 7 & 9 \\ 4 & 6 & 3 \\ 3 & 9 & 7 \end{bmatrix}, \quad C_8' = \begin{bmatrix} 1 & 4 & 8 \\ 8 & 2 & 5 \\ 2 & 10 & 2 \end{bmatrix}.$$

例 2.9　考虑双矩阵博弈 $< X_9, Y_9, C_9, C_9' >$, 其中

$$C_9 = \begin{bmatrix} 1 & 2 & 3 & 4 \\ 3 & 1 & 7 & 8 \\ 8 & 5 & 4 & 2 \\ 7 & 2 & 9 & 6 \end{bmatrix}, \quad C_9' = \begin{bmatrix} 2 & 3 & 4 & 5 \\ 1 & 2 & 5 & 8 \\ 5 & 9 & 4 & 7 \\ 6 & 3 & 10 & 3 \end{bmatrix}.$$

表 2.7　例 2.7 中博弈 $< X_7, Y_7, C_7, C_7' >$ 的计算结果

NE_{num}^1	$P_1 M$	$P_2 M$
1	(0.0005, 0.9988, 0.0007)	(0.9931, 0, 0.0069)
2	(0.0130, 0.5381, 0.4489)	(0.7464, 0.2493, 0.0043)
3	(0.0123, 0.0001, 0.9876)	(0.0026, 0.9816, 0.0158)

1 Nash 平衡个数 (the number of Nash equilibria, NE_{num}).

表 2.8 例 2.8 中博弈 $< X_8, Y_8, C_8, C'_8 >$ 的计算结果

NE_{num}	$P_1 M$	$P_2 M$
1	(0.6667, 0.0001, 0.3332)	(0.0002, 0.4954, 0.5044)
2	(0.9915, 0, 0.0085)	(0, 0, 1.0000)
3	(0.0063, 0.5607, 0.4330)	(0.7569, 0.2402, 0.0029)
4	(0.0188, 0.9729, 0.0083)	(0.9646, 0.0125, 0.0229)

表 2.9 例 2.9 中博弈 $< X_9, Y_9, C_9, C'_9 >$ 的计算结果

NE_{num}	$P_1 M$	$P_2 M$
1	(0, 0.0001, 0.9979, 0.0020)	(0.0024, 0.9859, 0, 0.0117)
2	(0, 0.9915, 0, 0.0085)	(0, 0, 0.0178, 0.9822)
3	(0.0243, 0.1737, 0.5191, 0.2829)	(0.0067, 0.5792, 0.0663, 0.3478)
4	(0.0003, 0.2440, 0.7420, 0.0137)	(0, 0.5967, 0.0113, 0.3920)
5	(0, 0.7120, 0.0039, 0.2841)	(0, 0.0113, 0.4966, 0.4921)

通过以上 3 个数值例子的计算结果可以看出, 例 2.7 ~ 例 2.9 用本章设计的自适应小生境粒子群算法运行 1 次就可以分别求出多个 Nash 平衡解. 对于例 2.7, 用文献 [99] 给出的算法每运行 1 次可以得到 1 个 Nash 平衡解, 需要反复运行 10 次才可以求出全部 3 个 Nash 平衡解, 而自适应小生境算法运行 1 次就可以求出全部 3 个 Nash 平衡解. 对于例 2.8 和例 2.9, 用文献 [99] 中给出的算法需要分别反复运行 30 次和 40 次才可以求出全部 Nash 平衡解, 而设计的自适应小生境算法运行 1 次就可以分别求出 4 个和 5 个 Nash 平衡解. 与文献 [99] 中需要随机运行算法 40 次的结果相比, 本章设计的算法运行 1 次就可以求出多个 Nash 平衡解, 大大提高了单次搜索 Nash 平衡解的效率. 事实上, 文献 [99] 需要反复运行粒子群优化算法获得的多个 Nash 平衡解带有很大的随机性, 并不能保证每一次运行都得到不同的 Nash 平衡解, 很可能运行 30 次算法得到同一个 Nash 平衡解而无法求出多个 Nash 平衡解. 而本章的算法则利用自适应小生境技术使所有粒子在搜索过程中尽可能分布到整个搜索空间的不同局部峰值区域, 不需要反复运行算法就可以求出多个不同的 Nash 均衡解, 提高了算法的计算效率, 并改进了文献 [99] 中算法计算结果随机性过大的问题. 总之, 通过例 2.7 ~ 例 2.9 数值算例的计算和分析, 可以看出本章提出的自适应小生境粒子群算法在求解 N 人非合作有限博弈多重 Nash 均衡方面具有较好的性能, 但是必须注意到自适应小生境算法在成功地找到若干个 Nash 平衡解之后, 搜索空间可能会变得更加复杂 (比如峰之间的距离很小或者峰的高度差别较少或者有孤立峰值点等), 从而求出全部 Nash 平衡解变得更加困难, 有时会遗漏个别 Nash 平衡解, 但也可以通过类似文献 [99] 中的方法, 多运行几次来弥补遗漏.

2.4 本 章 小 结

本章提出的免疫粒子群算法在求解 N 人非合作有限博弈 Nash 平衡时是有效的. 该算法把免疫系统的免疫信息处理机制 (基于抗体浓度的粒子多样性控制机制、免疫记忆机制) 引入基本粒子群算法中, 综合了基本粒子群算法和免疫算法的优点, 不仅保持了粒子群算法简单、易于实现、收敛速度快的特点, 而且增强了粒子群算法的全局寻优能力, 加快了算法的速度. 实验表明该算法优于免疫算法和基本粒子算法. 因此, 应用免疫粒子群算法求解博弈问题, 不但可以求出 Nash 平衡点, 而且可以预测博弈的实现路径, 模拟博弈活动的全过程, 为实际经济生活中的博弈活动提供决策参考, 这正是研究免疫粒子群算法的重要意义所在.

针对群智能算法一次求出博弈多重解的情形, 将序列小生境技术引入粒子群算法中, 并加入了变异算子和自动生成小生境半径机制, 使得所有粒子尽可能分布到整个搜索空间的不同局部峰值区域, 从而有效地获得 N 人非合作有限博弈问题多重 Nash 平衡, 提高了单纯运用粒子群算法反复计算多重 Nash 均衡解的效率, 该算法综合了粒子群算法和小生境算法的优点, 较好地克服了粒子群算法收敛到一定精度时, 粒子易趋向同一化而陷入局部最优解的特点, 而且借助自适应小生境技术, 在算法中自动计算小生境半径, 最大程度地提高了算法的搜索性能, 避免了反复运行粒子算法求解多个不同的 Nash 平衡时可能收敛到同一个 Nash 平衡的问题. 从当前的应用效果看, 这种模拟生物进化思想的自适应小生境粒子群算法具有较好的应用效果, 但是由于粒子算法的研究还处于起步阶段, 诸如算法的理论分析、收敛性等方面还需要更加深入细致的研究.

第 3 章　广义博弈 Nash 平衡实现算法

3.1　引　　言

广义 Nash 平衡问题 (generalized Nash equilibrium problem, GNEP) 是对广义博弈 Nash 平衡问题的简称, 其中每个博弈者的策略可能取决于其他博弈者的策略. GNEP 模型可以追溯到 Debreu 和 Arrow 的研究, 并有着广泛的应用. 在过去几年中, GNEP 模型已被应用于云计算、供应链网络竞争、通信网络和城市公共体育设施等领域[102–105]. Roughgarden 指出, 求解 Nash 平衡是一个 NP 难问题, 但遗憾的是 Debreu 和 Arrow 并没有给出求解 GENP 的有效方法[28]. GNEP 的求解引起了广泛关注, 许多研究者不断探索求解 Nash 平衡的新方法. Pang 和 Fukushima[106] 提出了一种求解 GNEP 的顺序惩罚法, 并证明了该方法的全局收敛性. Facchinei 和 Kanzow[107] 通过惩罚函数将 GENP 转化为优化问题, 并用精确惩罚算法求解了 GNEP. Migot 和 Cojocaru[108] 引入了参数化变分不等式方法来寻找 GNEP 的解. Jia 等[109] 提出了一种基于半空间投影算法的加速方法来求解 GNEP. Wang[110] 研究了一种利用微分变分不等式求解动态 GNEP 的算法, 并给出了算法的收敛性分析. Krilašević 和 Grammatico[111] 提出了一种新颖的无投影连续半集中求解算法, 用于求解单调博弈中的 GNEP. Xu 等[112] 为带有相等和不等式约束的 GNEP 构建了一类同构映射, 并研究了一种求解 GNEP 的全局收敛同伦方法. Franci 和 Grammatico[113] 研究了第一种分布式搜索算法, 用于求解单调响应中具有期望值成本函数的随机 GNEP. Chen[114] 设计了一种分布式算法来求解具有不确定耦合约束的 GNEP, 实验结果表明通过求变分不等式的解可以得到广义 Nash 平衡. Deng 和 Zhao[115] 研究了多集群博弈的变分广义 Nash 均衡问题, 利用梯度下降和投影设计了分布式算法. Migot 和 Cojocaru[116] 提出了一类求解凸 GNEP 的分解方法. Nie 和 Tang[117] 使用拉格朗日乘法器计算广义 Nash 均衡的有效多项式, 并利用矩平方和半无限松弛的层次结构求解了多项式优化问题. 因此, 经典算法是求解 GNEP 的有效途径, 包括投影算法、罚算法和牛顿算法, 这为研究求解 GNEP 的方法奠定了基础. 同时, 一些经典算法在求解 GNEP 时往往将其转化为变分不等式、准变分不等式或在一定假设条件下的优化问题, 这对可微分性条件和凸性要求较高. 因此, 传统的数值计算的方法对初始点的依赖性较大, 容易陷入局部最优的早熟现象.

随着启发式算法的发展, 群智能算法在解决 NP 难问题方面显示出优越性. 因此, 许多学者尝试使用群智能算法来寻找广义 Nash 均衡问题的解. Mohtadi 和 Nogondarian[118] 提出了一种称为博弈求解器算法的启发式算法, 用于求解双人博弈问题. Yong 等[119] 将非单调线性互补问题表述为绝对值方程, 并提出一种新的全局和谐搜索算法求解了该问题. Das 和 Saha[120] 将单一报酬矩阵的思想扩展到双人零和博弈问题, 给出了计算双矩阵博弈 Nash 均衡的启发式算法. Liu 和 Jia[121] 引入了协同免疫量子粒子群算法来求解 GNEP, 并给出了算法收敛的充要条件. Li 等[122] 研究了一种基于文化算法的自适应差分进化算法来求解一般非合作博弈问题的 Nash 均衡, 并给出了算法的收敛性证明. 因此, 求解 GNEP 的经典算法已经非常成熟, 但在某些情况下仍有不足. 智能算法得到了广泛应用, 并证明了其在解决复杂问题时的可行性和优越性, 进而, 探索更有效的群智能算法求解 GNEP 是亟待解决的关键问题.

3.2　广义博弈模型和转化

1. 广义博弈的模型

设 $\mathcal{N} = \{1, 2, \cdots, N\}$ 是局中人的集合, $\forall i \in \mathcal{N}$, N 是广义博弈模型中局中人的数量, 设 X_i 是局中人 i 的策略集, 它是 $\mathbb{R}^{n_i}$ 中的非空集合, $X = \prod_{i=1}^{N} X_i$, 局中人 i 的决策变量为 x_i, $\forall x_i \in X_i$, 且有 $x \in X$, $n = n_1 + \cdots + n_N$. 为区分第 i 个局中人的变量 x_i, 记 $x = (x_i, x_{-i})$, 其中 x_{-i} 表示除了局中人 i 外所有的其他局中人的决策变量. 假设第 i 个局中人的策略集是 $X_i(x_{-i}) \subset \mathbb{R}^{n_i}$, $X_{-i}(x_{-i}) = \prod_{j \in \mathcal{N}, j \neq i} X_j(x_{-j})$ 是除了局中人 i 的所有其他局中人策略集的笛卡儿乘积. 每个局中人 i 的支付函数为 $\theta_i(x_i, x_{-i}) : \mathbb{R}^n \to \mathbb{R}$, 它不仅取决于局中人 i 的决策变量 x_i, 也取决于其他局中人的决策变量 x_{-i}. 每个局中人 i 的可行集 $X_i(x_{-i})$ 定义如下:
$$X_i(x_{-i}) = \{x_i : H_i(x_i) \leqslant 0, \ S_i(x_i, x_{-i}) \leqslant 0\}, \ \ \forall i \in \mathcal{N}.$$
其中 $H_i(x_i)$ 是局中人的自我约束, 只取决于局中人 i 的决策变量 x_i; $S_i(x_i, x_{-i})$ 表示所有局中人的共享约束, 取决于所有局中人的决策变量.

如果存在 $x^* = (x_1^*, x_2^*, \cdots, x_N^*) \in X$, 使得 $\forall i \in \mathcal{N}$, 有 $x_i^* \in X_i(x_{-i}^*)$, 且
$$\theta_i(x_i^*, x_{-i}^*) = \min_{x_i \in X_i(x_{-i}^*)} \theta_i(x_i, x_{-i}^*).$$
成立, 则称 x^* 是此广义博弈 (或约束博弈) 的 Nash 平衡点.

广义博弈 Nash 平衡点 x^* 的意义: $\forall i \in \mathcal{N}$, $x_i^* \in X_i(x_{-i}^*)$ 表明当除局中人 i 外的其他 $N - 1$ 个局中人选取策略 $x_{-i}^* \in X_{-i}$ 时, x_i^* 是局中人 i 的可行策

略集, 而 $\theta_i(x_i^*, x_{-i}^*) = \min\limits_{x_i \in X_i(x_{-i}^*)} \theta_i(x_i, x_{-i}^*)$ 表明 x_i^* 是局中人 i 的所有可行策略 $x_i \in X_i(x_{-i}^*)$ 中使其支付函数达到最小值的可行策略.

假设 3.1 (光滑性和凸性假设) (a) $\forall i \in \mathcal{N}$, 函数 $\theta_i: \mathbb{R}^{n_i} \to \mathbb{R}$, $H_i: \mathbb{R}^{n_i} \to \mathbb{R}^{l_i}$ 和 $S_i: \mathbb{R}^{n_i} \to \mathbb{R}^{m_i}$ 都是一次可微的, 且具有局部 Lipschitz 连续的一阶导数.

(b) $\forall i \in \mathcal{N}$, $x_{-i} \in X_{-i}$, 目标函数 $\theta_i(x_i, x_{-i})$ 关于 x_i 是凸的, 约束函数 $H_i: \mathbb{R}^{n_i} \to \mathbb{R}^{l_i}$ 和 $S_i: \mathbb{R}^{n_i} \to \mathbb{R}^{m_i}$ 的每个分量函数都是凸的.

2. 广义博弈的转化

首先, 通过 Karush-Kuhn-Tucker (KKT) 条件将广义 Nash 平衡问题转化为非线性互补问题, 下面给出广义 Nash 平衡问题的 KKT 条件[123]:

$$\begin{aligned} L(x, \lambda, \mu) &= 0, \\ \langle \lambda, -H(x) \rangle &= 0, \\ \langle u, S(x) \rangle &= 0, \end{aligned} \tag{3.1}$$

其中

$$\mu = \begin{bmatrix} \mu_1 \\ \vdots \\ \mu_N \end{bmatrix}, \quad \lambda = \begin{bmatrix} \lambda_1 \\ \vdots \\ \lambda_N \end{bmatrix}, \quad H(x) = \begin{bmatrix} H_1(x_1) \\ \vdots \\ H_N(x_N) \end{bmatrix},$$

$$S(x) = \begin{bmatrix} S_1(x) \\ \vdots \\ S_N(x) \end{bmatrix}, \quad L(x, \lambda, \mu) = \begin{bmatrix} \nabla_{x_1} L_1(x, \lambda_1, \mu_1) \\ \vdots \\ \nabla_{x_N} L_N(x, \lambda_N, \mu_N) \end{bmatrix}.$$

系统 (3.1) 被视作广义 Nash 平衡解的一阶必要条件, 若进一步满足假设 3.1(b) 中的凸性假设, 那么系统 (3.1) 是广义 Nash 平衡的充分条件.

定理 3.1 如果广义博弈模型满足假设 3.1(a) 和 (b), 且 (x^*, λ^*, μ^*) 满足系统 (3.1), 那么 x^* 是一个广义博弈 Nash 平衡点.

定义 $F: \mathbb{R}^n \to \mathbb{R}^n$, $F(x) = \text{vec}\{\nabla_{x_i}\theta_i(x)\}_{i=1}^N$, 那么系统 (3.1) 就等价地转化为如下系统:

$$\begin{aligned} F(x) + \sum_{i=1}^N \nabla_x H_i(x_i) \cdot \lambda_i + \sum_{i=1}^N \nabla_x S_i(x_i, x_{-i}) \cdot \mu_i &= 0, \\ \langle \lambda_i, -H_i(x_i) \rangle &= 0, \\ \langle \mu_i, -S(x) \rangle &= 0, \end{aligned} \tag{3.2}$$

式 (3.2) 是一个非线性互补问题, 从而把广义博弈 Nash 平衡问题利用凸优化问题的 KKT 条件转化为一个非线性互补问题.

非线性互补问题转化为非线性方程组问题: 通过互补函数方法将 KKT 条件中的互补性条件转化为一个非线性方程组问题. 设函数 $\psi : \mathbb{R}^2 \to \mathbb{R}$, 若 $\psi(a, b) = 0 \Leftrightarrow a \geqslant 0,\ b \geqslant 0,\ a \cdot b = 0$, 则称函数 ψ 为补函数, 常见的补函数有 Fisher-Burmeister (FB) 函数, 即 $\psi_{FB}(a, b) = a + b - \sqrt{a^2 + b^2}$. 设

$$\Psi_{\mathrm{FB}}(x, \lambda, \mu) = \begin{bmatrix} L(x, \lambda, \mu) \\ \psi_{\mathrm{FB}}(-H_1(x^1), \lambda_1) \\ \vdots \\ \psi_{\mathrm{FB}}(-H_{l_N}(x_N), \lambda_{l_N}) \\ \psi_{\mathrm{FB}}(-S_1(x), \mu_1) \\ \vdots \\ \psi_{\mathrm{FB}}(-S_{m_N}(x), \mu_{m_N}) \end{bmatrix},$$

其中 Ψ_{FB} 是 FB 函数, 则将非线性互补问题式 (3.2) 等价地转化为求解 $\Psi_{\mathrm{FB}}(x, \lambda, \mu) = 0$, 所以广义博弈问题通过互补问题转化为求解非线性方程组问题, 并使用协同免疫量子粒子群算法进行求解.

定义协同免疫量子粒子群算法求解的广义博弈 Nash 平衡适应度函数如下:

$$f(x) = \|\Psi_{\mathrm{FB}}(x, \lambda, \mu)\|^2.$$

若 $\Psi_{\mathrm{FB}}(x, \lambda, \mu) = 0$, 则 $f(x) = 0$, 也就是等价于在可行约束域内求 $\min\limits_{x \in X_i(x_{-i})} f(x)$.

3.3　协同免疫量子粒子群算法求解广义博弈 Nash 平衡

3.3.1　协同免疫量子粒子群算法思想和实现步骤

孙俊等[124] 于 2004 年从量子力学的角度提出了一种新型的具有量子行为的粒子群算法 (quantum-behaved PSO algorithm, QPSO). QPSO 算法在迭代更新时终究保持两个最优位置分别为: ①粒子 $i(i = 1, 2, \cdots, M, M$ 为种群规模) 所经历过的个体最好位置 $\boldsymbol{P}_i(t) = [P_{i,1}(t), P_{i,2}(t), \cdots, P_{i,N}(t)]^{\mathrm{T}}$ (N 表示问题维度), 记作 $\boldsymbol{pbest}_i(t)$. ②种群中所有粒子经历过的最好位置 $\boldsymbol{P}_g(t) = [P_{g,1}(t), P_{g,2}(t), \cdots, P_{g,N}(t)]^{\mathrm{T}}$, 记作 $\boldsymbol{gbest}(t)$. 粒子更新公式如下:

$$P_i(t+1) = \begin{cases} X_i(t+1), & \text{如果 } f[P_i(t)] < f[X_i(t+1)], \\ P_i(t), & \text{如果 } f[P_i(t)] \geqslant f[X_i(t+1)], \end{cases} \tag{3.3}$$

$$P_g(t+1) = \arg\max_{P_i} f(P_i(t+1)), \quad 1 \leqslant i \leqslant M. \tag{3.4}$$

在 QPSO 算法中, $\boldsymbol{mbest}(t)$ 表示平均最好位置, 记为 $\boldsymbol{C}(t)$, 则有

$$\boldsymbol{C}(t) = [C_1(t), C_2(t), \cdots, C_N(t)]^{\mathrm{T}} = \frac{1}{M} \sum_{i=1}^{M} \boldsymbol{P}_i(t)$$

$$= \left[\frac{1}{M} \sum_{i=1}^{M} P_{i,1}(t), \frac{1}{M} \sum_{i=1}^{M} P_{i,2}(t), \cdots, \frac{1}{M} \sum_{i=1}^{M} P_{i,N}(t) \right]^{\mathrm{T}}. \tag{3.5}$$

在 QPSO 算法中, 用波函数来描述量子粒子空间中粒子的位置. 对于波函数, 通过定态薛定谔方程得到粒子在量子空间中某一点出现的概率密度函数, 再通过用蒙特卡罗方法得到粒子 i 位置更新公式如下:

$$X_{i,j}(t+1) = p_{i,j} + rand(t) \cdot \alpha \cdot | C_j(t) - X_{i,j}(t) | \cdot \ln\left(\frac{1}{\mu_{i,j}(t)}\right), \forall \, j = 1, 2, \cdots, N, \tag{3.6}$$

其中 $\mu_{i,j}(t) \sim rand[0,1]$ 为区间 $[0, 1]$ 上的随机数. 粒子 i 的吸引 $p_i(t)$ 是由 $\boldsymbol{pbest}_i(t)$ 和 $\boldsymbol{gbest}(t)$ 之间的随机点 $p_i(t) = [p_{i,1}(t), p_{i,2}(t), \cdots, p_{i,N}(t)]^{\mathrm{T}}$ 产生, 坐标为

$$p_{i,j}(t) = \varphi_{i,j}(t) \cdot P_{i,j}(t) + (1 - \varphi_{i,j}(t)) \cdot P_{g,j}(t),$$

其中 $\varphi_{i,j}(t) \sim rand[0,1]$. α 为收缩-扩张系数, 一般采用线性递减的方式更新:

$$\alpha = \left(\alpha_{max} - \alpha_{min} \times \frac{T_{max} - T}{T_{max}} \right) + \alpha_{min},$$

其中 α_{max} 为最大收缩扩张系数, α_{min} 为最小收缩扩张系数, T_{max} 为最大迭代次数, T 为最小迭代次数.

协同免疫量子粒子群 (co-evolutionary immune quantum particle swarm optimization, CIQPSO) 算法将免疫记忆、自我调节机制引入到量子粒子群算法中, 所有粒子之间信息共享、共同进化, 为了避免丢失一些适应度差但保持较好进化趋势的粒子, 引入概率浓度选择公式来保持粒子种群的多样性. 在 CIQPSO 算法中, 目标函数和约束条件都被视作抗原, 问题的解被视作抗体 (粒子). 粒子在空间搜索中通过其自身位置最优信息和群体位置最优信息不断地调整自己的当前位置, 并向全局最优解靠拢.

在 CIQPSO 算法中, x_i 和 $f(x_i)$ 分别表示粒子 $i(i = 1, 2, \cdots, M + Q)$ 的位置和适应度函数值. 集合 X 由 $M + Q$ 个抗体组成, 定义粒子适应度值之间的距离如下:

$$d(x_i) = \sum_{j=1}^{Q+M} |f(x_i) - f(x_j)|.$$

由文献 [95] 可知, 粒子 i 的浓度定义如下:

$$D(x_i) = \frac{1}{\sum\limits_{j=1}^{Q+M} \mid f(x_i) - f(x_j) \mid}, \quad i = 1, 2, \cdots, Q+M.$$

综上所述, 粒子浓度的概率选择公式定义如下:

$$\mathcal{P}(x_i) = \frac{\dfrac{1}{D(x_i)}}{\sum\limits_{i=1}^{Q+M} \dfrac{1}{D(x_i)}} = \frac{\sum\limits_{j=1}^{Q+M} \mid f(x_i) - f(x_j) \mid}{\sum\limits_{i=1}^{Q+M} \sum\limits_{j=1}^{Q+M} \mid f(x_i) - f(x_j) \mid}. \tag{3.7}$$

CIQPSO 算法实现步骤如下:

步骤 1　参数初始化. T_{max} 表示最大迭代次数、ε 为精度、M 表示群体规模.

步骤 2　用式 (3.5) 计算粒子平均最好位置 $mbest$.

步骤 3　用式 (3.3) 和式 (3.4) 更新个体最好位置和全体最好位置.

步骤 4　根据适应度函数计算每个粒子适应度值, 找到个体极值 $pbest_i$ 和全体最好极值 $gbest$, 并将 $mbest$ 对应的粒子位置存入记忆库.

步骤 5　Q 个粒子随机生成.

步骤 6　根据粒子的概率浓度选择式 (3.7), 从 $M + Q$ 个粒子中选取 M 个粒子.

步骤 7　用记忆库中的粒子代替粒子群中适应度较差的粒子, 生成新一代粒子群 p_1 的同时再进行下一次迭代.

步骤 8　用式 (3.6) 计算粒子群得到一个随机位置.

步骤 9　用式 (3.3) 和式 (3.4) 更新粒子的位置.

步骤 10　判断最大迭代次数或精度是否达到要求, 是则停止迭代, 否则返回步骤 3.

CIQPSO 算法实现流程如图 3.1 所示.

3.3.2　协同免疫量子粒子群算法性能评价和收敛性证明

协同免疫量子粒子群算法与遗传算法中 "物竞天择、适者生存" 的演化法则有许多相似之处, 借鉴 Dejong 在文献 [96] 中提出的定量分析方法, 可用离线性能来测试算法的收敛性能.

定义 3.1　$s^*: X \to \mathbb{R}$, $s^*(x)$ 为粒子在环境中采取策略 x 的离线性能, 有

$$s^*(x) = \frac{1}{T} \sum_{t=1}^{T} f^*(x),$$

$f^*(x)$ 表示最佳适应度值, 即 $f^*(x) = \min\{f(1), f(2), \cdots, f(N)\}$. 在算法运行过程中, 离线性能为各进化代数最佳适应度值的累和平均.

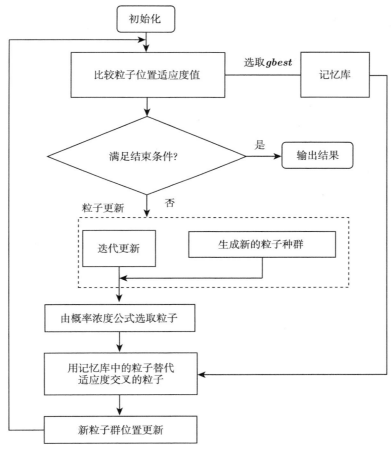

图 3.1 CIQPSO 算法的流程图

下面给出 CIQPSO 算法收敛性证明.

定理 3.2 [124]   在 N 维搜索空间中, 粒子 i $(i = 1, 2, \cdots, M)$ 的位置 $X_i(t) = [X_{i,1}(t), X_{i,2}(t), \cdots, X_{i,N}(t)]^{\mathrm{T}}$ 依概率收敛到其吸引子 $p_i(t) = [p_{i,1}(t), p_{i,2}(t), \cdots, p_{i,N}(t)]^{\mathrm{T}}$ 的充要条件是每一维坐标 $X_{i,j}(t)$ 都依概率收敛于 $p_{i,j}(j = 1, 2, \cdots, N)$.

证明   必要性: $X_i(t) \xrightarrow{p} p_i(t)$. $\forall \varepsilon > 0$, 有

$$\lim_{t \to \infty} \mathcal{P}(|X_i(t) - p_i(t)| \geqslant \varepsilon) = 0.$$

① 当 $|X_i(t) - p_i(t)| < \varepsilon$ 时, $\forall j \in \mathcal{N}$, 有

$$|X_{i,j}(t) - p_{i,j}(t)| < \varepsilon$$

成立, 则 $\lim\limits_{t \to \infty} \mathcal{P}(|X_{i,j}(t) - p_{i,j}(t)| \geqslant \varepsilon) = 0$ 显然成立.

② 当 $|X_i(t) - p_i(t)| \geqslant \varepsilon$ 时, 存在 $j \in \mathcal{N}$ 使得 $|X_{i,j}(t) - p_{i,j}(t)| \geqslant \varepsilon$ 成立, 此时得到以下事件包含关系成立:

$$\{|X_i(t) - p_i(t)| \geqslant \varepsilon\} \supset \{|X_{i,j}(t) - p_{i,j}(t)| \geqslant \varepsilon\},$$

从而

$$\mathcal{P}\{|X_i(t) - p_i(t)| \geqslant \varepsilon\} \supset \mathcal{P}\{|X_{i,j}(t) - p_{i,j}(t)| \geqslant \varepsilon\},$$

上式两边求极限得

$$0 = \lim\limits_{t \to \infty} \mathcal{P}\{|X_i(t) - p_i(t)| \geqslant \varepsilon\} \supset \lim\limits_{t \to \infty} \mathcal{P}\{|X_{i,j}(t) - p_{i,j}(t)| \geqslant \varepsilon\},$$

则必有

$$\lim\limits_{t \to \infty} \mathcal{P}\{|X_{i,j}(t) - p_{i,j}(t)| \geqslant \varepsilon\} = 0,$$

即 $X_{i,j}(t) \stackrel{p}{\longrightarrow} p_{i,j}(t)$.

充分性: 设 $X_{i,j}(t) \stackrel{p}{\longrightarrow} p_{i,j}(t)$, 即对于每一个 $j \in \mathcal{N}$, 以及 $\forall \varepsilon > 0$, 都有

$$\lim\limits_{t \to \infty} \mathcal{P}\left\{|X_{i,j}(t) - p_{i,j}(t)| \geqslant \frac{\varepsilon}{\sqrt{N}}\right\} = 0.$$

若 $|X_{i,j}(t) - p_{i,j}(t)| \geqslant \dfrac{\varepsilon}{\sqrt{N}}$, 有

$$|X_i(t) - p_i(t)| = \left(\sum_{j=1}^{N} |X_{i,j}(t) - p_{i,j}|^2\right)^{\frac{1}{2}} \geqslant \left[N \cdot \left(\frac{\varepsilon}{\sqrt{N}}\right)^2\right]^{\frac{1}{2}} = \varepsilon,$$

从而 $\left\{|X_{i,j}(t) - p_{i,j}(t)| \geqslant \dfrac{\varepsilon}{\sqrt{N}}\right\} \supset \{|X_i(t) - p_i(t)| \geqslant \varepsilon\}$, 因此,

$$\mathcal{P}\left\{|X_{i,j}(t) - p_{i,j}(t)| \geqslant \frac{\varepsilon}{\sqrt{N}}\right\} \supset \mathcal{P}\{|X_i(t) - p_i(t)| \geqslant \varepsilon\},$$

上式两边同时取极限得

$$0 = \lim\limits_{t \to \infty} \mathcal{P}\left\{|X_{i,j}(t) - p_{i,j}(t)| \geqslant \frac{\varepsilon}{\sqrt{N}}\right\} \supset \lim\limits_{t \to \infty} \mathcal{P}\{|X_i(t) - p_i(t)| \geqslant \varepsilon\},$$

故有

$$\lim_{t \to \infty} \mathcal{P}\{|X_i(t) - p_i(t)| \geqslant \varepsilon\} = 0,$$

即 $X_i(t) \xrightarrow{p} p_i(t)$. □

这表明在 N 维搜索空间中, 满足式 (3.6) 的单个粒子位置的收敛性可以归结为一维空间的粒子收敛性, 定理 3.2 也说明了粒子 i 的位置依概率收敛到吸引子的充要条件为 $\lim_{t \to \infty} [rand(t) \cdot \alpha \cdot | C_j(t) - X_{i,j} |] = 0$.

3.3.3 数值实验结果

为了测试 CIQPSO 算法求解广义博弈 Nash 平衡的性能, 设置参数如下: 种群大小 $M = 20$, $Q = 10$, 最大迭代次数为 $T_{max} = 300$. 例 3.1和例 3.2 的精度皆为 $\varepsilon = 10^{-3}$, 例 3.3 的精度为 $\varepsilon = 10^{-6}$.

例 3.1 [125] 考虑广义博弈, 两个局中人的决策变量为 x_1, x_2, 所得的支付为

$$\min \ \theta_1(x_1, x_2) = x_1^2 + \frac{8}{3}x_1 x_2 - 34x_1$$

$$\min \ \theta_1(x_1, x_2) = x_2^2 + \frac{5}{4}x_1 x_2 - \frac{98}{4}x_2$$

$$x_1 + x_2 \leqslant 15,$$

$$0 \leqslant x_1, \ x_2 \leqslant 10.$$

协同免疫量子粒子群算法求解例 3.1 的数值结果如表 3.1, 离线性能如图 3.2.

表 3.1 例 3.1 的数值结果

CN^1	IN^2	GNE^3	FFV^4
1	122	$x_1 = 4.9623, x_2 = 9.0514$	5.6e-03
2	110	$x_1 = 5.0012, x_2 = 8.9834$	4.2e-03
3	43	$x_1 = 5.0115, x_2 = 8.9922$	1.2e-03
4	88	$x_1 = 5.0244, x_2 = 8.9838$	2.9e-03
5	108	$x_1 = 4.9431, x_2 = 9.0987$	6.8e-03

1 计算次数 (number of calculation, CN);

2 迭代次数 (number of iteration, IN);

3 广义博弈 Nash 平衡 (Nash equilibrium of generalized game, 简记为 GNE);

4 适应度函数值 (fitness function value, FFV).

由表 3.1 可知, 例 3.1 的平均迭代次数为 94 次, 得到的广义 Nash 平衡解是 $(5, 9)^T$. 当文献 [125] 中的初始点是 $(10, 0)$ 时, 该 Nash 平衡点无法被计算出. 该算法也优于文献 [126] 的 110 次平均迭代次数, 这说明该算法比免疫粒子群算法更节约时间. 所以, CIQPSO 算法不仅减少了迭代次数, 而且不依赖于初始点的选取. 由图 3.2 的离线性能曲线可知, CIQPSO 算法的收敛曲线比免疫粒子群算

法更快地收敛到广义博弈 Nash 平衡解, 这也说明了 CIQPSO 算法比免疫粒子群算法具有更好的离线性能.

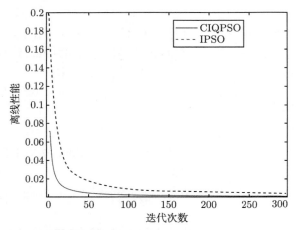

图 3.2   协同免疫量子粒子群算法求解例 3.1 的离线性能

例 3.2 [123]   考虑广义博弈, 对于 $(\alpha, 1-\alpha)$, $\forall \alpha \in \left[\dfrac{1}{2},\ 1\right]$, 广义博弈 Nash 平衡有无穷多个解. 假设博弈中局中人的决策变量为 x_1, x_2, 支付函数为

$$\min \theta_1(x_1, x_2) = (x_1 - 1)^2$$
$$\min \theta_1(x_1, x_2) = \left(x_2 - \frac{1}{2}\right)^2$$
$$x_1 + x_2 \leqslant 1,$$
$$x_1,\ x_2 \geqslant 0.$$

CIQPSO 算法求解例 3.2 的数值结果如表 3.2, 离线性能如图 3.3.

表 3.2   例 3.2 的数值结果

CN	IN	GNE	FFV
1	16	$x_1 = 0.7537, x_2 = 0.2507$	7.5324e-03
2	30	$x_1 = 0.7562, x_2 = 0.2498$	3.1302e-03
3	65	$x_1 = 0.7512, x_2 = 0.2500$	1.7588e-03
4	42	$x_1 = 0.7591, x_2 = 0.2512$	2.7906e-03
5	22	$x_1 = 0.7506, x_2 = 0.2510$	1.0214e-03

由表 3.2 可知, CIQPSO 算法计算例 3.2 的平均迭代次数为 35 次且广义博弈 Nash 平衡近似解为 $(0.75,\ 0.25)^{\mathrm{T}}$. Facchinei 在文献 [123] 中使用牛顿法归一

化广义博弈 Nash 平衡, 广义博弈 Nash 平衡的解有可能会丢失, 但 CIQPSO 算法通过概率浓度选择公式来保持种群的多样性, 能更好地保证广义博弈 Nash 平衡的解. 另外, 由图 3.3 的离线性能可知, 该算法具有比免疫粒子群算法更好的离线性能.

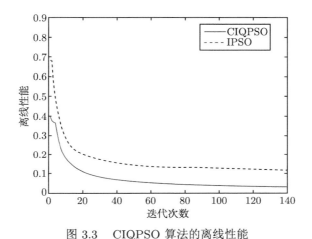

图 3.3 CIQPSO 算法的离线性能

例 3.3 [127] 考虑广义博弈, 局中人的决策变量为 x_1, x_2, 支付函数为

$$\min \theta_1(x_1, x_2) = x_1^2 - 4x_1 + 3$$
$$\min \theta_1(x_1, x_2) = x_2^2 - 4x_2 + 4$$
$$x_1 + x_2 \leqslant 1,$$
$$-x_1 + 2x_2 \leqslant 2,$$
$$x_1, \ x_2 \geqslant 0.$$

使用 CIQPSO 算法求解例 3.3 的计算结果如表 3.3.

表 3.3 例 3.3 的计算结果

CN	IN	GNE	FFV
1	1	$x_1 = 1.6000, x_2 = 1.8000$	0.1456e-06
2	2	$x_1 = 1.5999, x_2 = 1.8002$	1.1103e-06
3	2	$x_1 = 1.6000, x_2 = 1.8000$	0.0429e-06
4	2	$x_1 = 1.6000, x_2 = 1.7999$	1.7806e-06
5	3	$x_1 = 1.6101, x_2 = 1.7989$	1.0214e-07

由表 3.3 可知, 平均只需要 2 次迭代则得到广义博弈 Nash 平衡的近似解为 $(1.60, \ 1.80)^{\mathrm{T}}$. 在相同的精度下, CIQPSO 算法优于文献 [127] 中的拟变分不

等式罚方法, 迭代次数更少, 计算速度更快, 更进一步说明了使用群智能算法求解广义 Nash 平衡问题的有效性.

3.4　混沌鲸鱼黏菌算法求解广义博弈 Nash 平衡

3.4.1　鲸鱼优化算法思想和实现步骤

鲸鱼优化算法 (whale optimization algorithm, WOA) 是由 Mirjalili 和 Lewis[128] 于 2016 年提出的一种新型群体智能优化算法, 它模仿的是大海中鲸鱼群的集体捕食方式. WOA 包含了 3 种独立求解的种群更新机制, 因此其寻优阶段的全局探索和局部开发过程得以分别运行及控制.

WOA 包含搜索觅食、收缩包围和螺旋更新 3 种不同的种群更新机制, 其选择方式由 p 和向量 A 的值共同决定. 随机概率因子 p 是在区间 $(0,1)$ 上随机取值的随机数, 系数向量 A 和 C 的定义分别为

$$A = 2r \cdot A - A,$$
$$C = 2r,$$

其中向量 $A = 2r \cdot A - A$ 是一个控制参数, 它随着迭代次数的增加从 2 线性递减到 0. $A = 2r \cdot A - A$ 是一个分布于 $(0,1)$ 之间的随机向量.

WOA 搜索觅食机制的数学定义如下:

$$X(t+1) = X_{rand}(t) - A \cdot |C \cdot X_{rand}(t) - X(t)|,$$

其中 $X_{rand}(t)$ 是从当前鲸鱼群体中随机选取的一个鲸鱼个体的位置向量, $X(t)$ 是当前的鲸鱼个体的位置向量, $|C \cdot X_{rand}(t) - X(t)|$ 表示当前鲸鱼个体和随机选取鲸鱼个体之间的距离向量, $|\cdot|$ 表示对距离向量中的分量取绝对值.

收缩包围机制的数学定义如下:

$$X(t+1) = X_{best}(t) - A \cdot |C \cdot X_{best}(t) - X(t)|,$$

其中 $X_{best}(t)$ 是当前种群中适应度值最优的个体位置, $|C \cdot X_{best}(t) - X(t)|$ 为当前鲸鱼个体的包围步长, 鲸鱼个体的步长随着 A 的变化而变化.

在螺旋更新位置阶段, 其数学模型可表示为

$$X(t+1) = X_{best}(t) + |X_{best}(t) - X(t)| \cdot e^{bl} \cdot \cos(2\pi l),$$

其中 $|X_{best}(t) - X(t)|$ 表示个体与搜索过程中发现的最佳鲸鱼个体之间的距离向量, b 是影响个体在螺旋前进时的螺旋线形状的常数, b 取值为 1 时即为普通的对

数螺旋线, l 是 $[-1, 1]$ 之间的随机数. WOA 中鲸鱼个体位置向量 $X(t)$ 的每一个分量在种群更新时均独立进行.

WOA 的实现步骤如下:

步骤 1 设置鲸鱼数量 N 和算法的最大迭代次数 T_{max}, 初始化位置信息.

步骤 2 计算每条鲸鱼的适应度, 找到当前最优鲸鱼的位置并保留.

步骤 3 计算参数 a, p 和系数向量 A, C. 判断概率 p 是否小于 50%, 是则直接转入步骤 4, 否则采用气泡网捕食机制进行位置更新.

步骤 4 判断系数向量 A 的绝对值是否小于 1, 是则按包围猎物更新公式更新位置, 否则全局随机搜索猎物进行位置更新.

步骤 5 位置更新结束, 计算每条鲸鱼的适应度, 并与先前保留的最优鲸鱼的位置比较, 若优于, 则利用新的最优解替换.

步骤 6 判断当前计算是否达到最大迭代次数, 如果是, 则获得最优解, 计算结束, 否则进入下一次迭代, 并返回步骤 3.

3.4.2 混沌鲸鱼黏菌算法思想和实现步骤

本节考虑将 Tent 映射、Lévy 飞行策略以及鲸鱼搜索包围机制引入到 SMA 中, 设计一种混沌鲸鱼黏菌 (chaotic whale slime mould, CWSM) 算法并用以求解广义博弈 Nash 均衡. 同时, 算法迭代过程可以等价于一个 Markov 决策过程, 本节利用 Markov 链给出了算法的收敛性分析, 证明了算法的全局收敛性和初始状态与算法本身是否收敛的无关性. 最后, 通过几个数值实验表明, CWSM 算法具有良好的种群多样性和全局寻优能力, 用于求解广义博弈 Nash 平衡是有效的.

首先, 由于 SMA 随机生成初始种群, 而普通随机方法使种群遍历性较弱, Tent 映射是常见混沌映射中最均匀的映射之一[129]. 因此, 本节将 Tent 混沌映射引入种群初始化, 使用 Tent 混沌映射产生初始种群以增加算法的随机性和多样性. 通常, 混沌序列具有以下主要特征: 非线性、遍历性、随机性. 目前, 大多数智能算法在初始化阶段使用的随机方法使种群遍历性较弱, 因此考虑引入 Tent 混沌映射如下[130]:

$$x_{n+1} = f(x_n) = \begin{cases} \dfrac{x_n}{\alpha}, & x_n \in [0, \alpha), \\ \dfrac{1 - x_n}{1 - \alpha}, & x_n \in (\alpha, 1], \end{cases}$$

其中 $0 < \alpha < 1$.

其次, 由于 SMA 前期探索能力较强, 但开发能力较弱. 因此, 将 WOA 的收缩包围机制引入到 SMA 的包围食物阶段中, 并对机制作适当调整得到

$$X(t+1) = X(t) - A \cdot |C \cdot X_{best}(t) - X(t)|,$$

其中 A 和 C 都是区间 $(0, 1)$ 上的随机数.

最后, SMA 在个体位置更新过程中, 为了增加全局探索能力而始终有随机个体产生, 但 SMA 中的随机搜索效率较低. 因此我们将鲸鱼算法中的搜索觅食过程和 Levy 分布[131] 引入到 SMA 中, 以更好地维持种群多样性, 实现算法的勘探-开发能力之间的平衡, SMA 的更新公式如下:

$$X(t+1) = X_{rand}(t) - A \cdot levy \cdot |levy \cdot X_{rand}(t) - X(t)|,$$

$$levy = 0.01 \times \frac{r_1 \times \sigma}{|r_2|^{1/\beta}},$$

其中 $r_1, r_2 \in (0, 1)$ 为随机数, 不定, $\beta = 1.5$,

$$\sigma = \left(\frac{\Gamma(1+\beta) \times \sin(\pi\beta/2)}{\Gamma((1+\beta)/2) \times \beta \times 2^{(\beta-1)/2}} \right)^{1/\beta},$$

$$\Gamma(x) = (x-1)!.$$

因此, 得到 CWSM 算法的粒子位置 $X(t+1)$ 更新有以下三种情况.

情况 1

$$X(t+1) = X_{rand}(t) - A \cdot levy \cdot |levy \cdot X_{rand}(t) - X(t)|, \quad rand < z; \quad (3.8)$$

情况 2

$$X(t+1) = X_b(t) + vb \cdot (Wm \cdot X_A(t) - X_B(t)), \quad r < p; \quad (3.9)$$

情况 3

$$X(t+1) = X(t) - A \cdot |C \cdot X_{best}(t) - X(t)|, \quad r \geqslant p. \quad (3.10)$$

综上, 通过引入相关的机制对 SMA 的弱点进行弥补, 得到了一种 CWSM 算法, 下面给出该算法的实现步骤及流程图.

步骤 1　参数初始化. 种群规模为 N, 最大迭代次数为 T_{max}, 个体维数为 M, 精度为 ε, 种群空间上界和下界分别为 UB 和 LB, 利用 $Tent$ 映射在可行域内随机生成黏菌个体的初始位置 $x_i \, (i = 1, 2, \cdots, N)$.

步骤 2　计算个体的适应度值, 并进行升序排序得到 $S(i)$(最小值问题), 从而得到当前最佳位置 X_{best}、当前最佳个体适应度值为 BF 和当前最差个体适应度值为 wF.

步骤 3　分别计算气味浓度 p 和个体权重 W.

步骤 4 根据位置更新公式更新黏菌个体的位置.

步骤 5 检查更新后的每个个体是否在可行域内, 若在, 则继续, 若不在, 则对该个体位置进行惩罚使得个体位置落在可行域内.

步骤 6 计算更新后的个体的适应度值, 如果 $f(X_i(t)) < f(X_{best})$, 则 $X_{best} = X_i(t)$, 否则, $X_i(t) = X_{best}$.

步骤 7 检验迭代次数或精度是否满足终止条件, 若满足则结束, 输出最佳位置个体及其适应度值, 否则转到步骤 2.

CWSM 算法的流程如图 3.4.

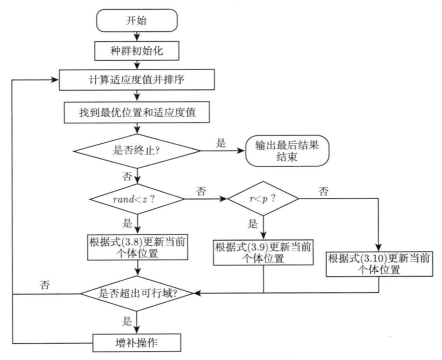

图 3.4 CWSM 算法流程图

3.4.3 收敛性分析及性能评价

智能算法收敛性证明方法并不唯一[132,133], 其中 Markov 链被有效地用于算法收敛性的证明中. 无限状态的连续解空间可以离散化以方便进行算法的理论分析, 假定离散空间中 CWSM 算法的种群个体 i 在时刻 t 有 $X_i(t) = x_i(t)$, $x_i(t) \in \Omega$, Ω 为状态空间, $x_i(t)$ 为个体 i 在时刻 t 的状态. 状态 $X_i(t)$ 所构成的序列 $\{X_i(t)\}, t \geqslant 1$ 在离散空间中取值为离散的随机变量.

定理 3.3 CWSM 算法的更新过程是一个吸收态 Markov 过程.

证明　首先, 由于离散空间中 CWSM 算法的个体数量和状态个数有限, 因此个体状态所构成的序列 $\{X_i(t)\}$, $t \geqslant 1$ 为有限 Markov 链. 其次, CWSM 算法采用了精英保留策略, 每一次迭代找到的当前最佳适应度值均会被记录下来, 即存在极小化函数 $H : \Omega \to \Omega$,

$$H(X_{best}^{t+1}, x_i(t)) = \begin{cases} X_{best}^t, & f(X_{best}^t) \leqslant f(h(x_i(t))), \\ h(x_i(t)), & f(X_{best}^t) > f(h(x_i(t))), \end{cases}$$

其中 h 表示具体更新位置所用的函数, 即 $x_i(t+1) = h(x_i(t)), \forall i = 1, 2, \cdots, N$.

该过程产生的序列 $\{X_{best}^i\}_{i=1}^t$ 是所有个体从开始到第 t 次迭代所达到的最优位置序列, 其对应的最佳适应度序列 $\{f(X_{best}^i)\}_{i=1}^t$ 是单调不减的, 则一定存在 $t > 0$, 使得对第 t 代对应的最佳状态 (记为 i) 有 $\sum_{j=1}^n P_{ii}^j = 1$, 其中 P_{ii}^j 表示状态 i 到状态 i 的第 j 步转移概率. 因此, CWSM 算法的更新过程是一个吸收态 Markov 过程. $\qquad\square$

命题 3.1　只含有 Lévy-WOA 搜索觅食机制的 CWSM 算法不会陷入局部最优.

证明　考虑到 SMA 模拟黏菌实际行为, 始终存在一定的概率在整个状态空间随机搜索, 引入的基于 Lévy 飞行策略的鲸鱼搜索觅食机制也是完全随机的. 因此, 不会陷入局部最优显然成立. $\qquad\square$

命题 3.2　只含有改进 WOA 收缩包围机制的 CWSM 算法不会陷入局部最优.

证明　假设个体在第 t 代到达局部最优, 设该状态为 $g^{(t)}$, 则由 CWSM 算法位置更新公式 (3.10) 得

$$X(t+1) = X(t) - A \cdot \left| C \cdot g^{(t)} - X(t) \right|,$$

则个体 X_i, $\forall i = 1, 2, \cdots, N$ 状态的一步转移概率为

$$P\left\{ X_i(t+1) = g^{(t+1)} \,\middle|\, X_i(t) = g^{(t)} \right\}$$
$$= P\left\{ X_i(t+1) = X(t) - A \cdot \left| C \cdot g^{(t)} - X(t) \right| \,\middle|\, X_i(t) = g^{(t)} \right\}$$
$$= P\left\{ X_i(t+1) = g^{(t)} - A \cdot \left| C \cdot g^{(t)} - g^{(t)} \right| \,\middle|\, X_i(t) = g^{(t)} \right\}$$
$$= \begin{cases} P\left\{ g^{(t+1)} = g^{(t)} \right\} = 1, & A = 0 \ \text{或} \ C = 1, \\ P\left\{ g^{(t+1)} = g^{(t)} \right\} = 0, & A \neq 0 \ \text{和} \ C \neq 1, \end{cases}$$

其中 $g^{(t+1)} = g^{(t)}$ 表示第 $t+1$ 代仍然陷入局部最优.

由于 $A, C \in (0, 1)$ 随机取值, 所以不会陷入局部最优, 得证. $\qquad\square$

命题 3.3 在最大迭代次数内, 只含有 SMA 包围机制的 CWSM 算法不会陷入局部最优.

证明 与命题 3.2 证明类似.

假设个体在第 t 代到达局部最优, 设该状态为 $b^{(t)}$, 则由 CWSM 算法位置更新式 (3.9) 得

$$X_i(t+1) = b^{(t)} + vb \cdot (W \cdot X_{i,A}(t) - X_{i,B}(t)),$$

则个体 X_i, $\forall i = 1, 2, \cdots, N$ 状态的一步转移概率为

$$P\left\{X_i(t+1) = b^{(t+1)} \,\middle|\, X_i(t) = b^{(t)}\right\}$$
$$= P\left\{X_i(t+1) = b^{(t)} + vb \cdot (W \cdot X_{i,A}(t) - X_{i,B}(t)) \,\middle|\, X_i(t) = g^{(t)}\right\}$$
$$= P\left\{X_i(t+1) = b^{(t)} + vb \cdot (W \cdot b^{(t)} - b^{(t)}) \,\middle|\, X_i(t) = g^{(t)}\right\}$$
$$= \begin{cases} P\left\{b^{(t+1)} = b^{(t)}\right\} = 1, & vb = 0 \text{ 或 } W = 1, \\ P\left\{b^{(t+1)} = b^{(t)}\right\} = 0, & vb \neq 0 \text{ 和 } W \neq 1, \end{cases}$$

其中 $b^{(t+1)} = b^{(t+1)}$ 表示第 $t+1$ 代仍然陷入局部最优.

显然, 可知权重 $W = 1$ 等于 1 的概率几乎为 0, $vb \in [-a, a]$ 随机取值, 当且仅当达到最大迭代次数时 $a = 0$. 因此, 只要在最大迭代次数范围内, 算法就不会陷入局部最优, 得证. $\qquad\square$

定理 3.4 CWSM 算法依概率 1 全局收敛.

证明 由命题 3.1 ∼ 命题 3.3, CWSM 算法不会陷入局部最优, 下面进一步证明 CWSM 算法能够收敛到全局最优解集. 设问题的全局最优解集为 G, 并且个体在 CWSM 算法更新机制下更新到第 $t+1$ 代仍未进入全局最优解集 G, 则有

$$P\{X_i^{(t+1)} \notin G\} = \sum_{j=1}^{n} P\{X_i^{(t+1)} \notin G | A_j\},$$

其中 A_j 表示第 t 代个体进入全局最优解集 G 的情况, 那么有

$$P\{X_i^{(t+1)} \notin G\}$$
$$= P\{X_i^{(t+1)} \notin G | X_i^{(t)} \in G\} \cdot P\{X_i^{(t)} \in G\}$$
$$+ P\{X_i^{(t+1)} \notin G | X_i^{(t)} \notin G\} \cdot P\{X_i^{(t)} \notin G\}.$$

由定理 3.3, CWSM 算法更新过程是一个吸收态 Markov 过程, 因此

$$P\{X_i^{(t+1)} \notin G | X_i^{(t)} \in G\} = 0.$$

从而
$$P\{X_i^{(t+1)} \notin G\} = P\{X_i^{(t+1)} \notin G | X_i^{(t)} \notin G\} \cdot P\{X_i^{(t)} \notin G\}.$$

前面说到 CWSM 算法不会陷入局部最优, 那么个体在更新过程中以一定概率选择不同的更新机制进入全局最优解集, 并保持下去, 即对

$$0 < P\{X_i^{(t+1)} \in G | X_i^{(t)} \notin G\} < 1,$$

有
$$P\{X_i^{(t+1)} \notin G\} = (1 - P\{X_i^{(t+1)} \in G | X_i^{(t)} \notin G\}) \cdot P\{X_i^{(t)} \notin G\}$$
$$= (1 - P\{X_i^{(t+1)} \in G | X_i^{(t)} \notin G\}) \cdot (1 - P\{X_i^{(t)} \in G | X_i^{(t-1)} \notin G\})$$
$$\cdot P\{X_i^{(t-1)} \notin G\}$$
$$\cdots\cdots$$
$$= \prod_j^{t+1} (1 - P\{X_i^{(j)} \in G | X_i^{(j-1)} \notin G\}) \cdot P\{X_i^{(0)} \notin G\},$$

那么 $j = 1, 2, \cdots, t+1$ 趋于无穷时

$$\lim_{(t+1)\to\infty} P\{X_i^{(t+1)} \notin G\} = \lim_{(t+1)\to\infty} \prod_j^{t+1} (1 - P\{X_i^{(j)} \in G | X_i^{(j-1)} \notin G\})$$
$$\cdot P\{X_i^{(0)} \notin G\}$$
$$= 0,$$

即 $\lim\limits_{t\to\infty} P\{X_i^{(t)} \notin G\} = 0$, 从而

$$\lim_{t\to\infty} P\{X_i^{(t)} \in G\} = 1 - P\{X_i^{(t)} \notin G\} = 1.$$

因此, CWSM 算法在迭代更新过程中会依概率 1 收敛到全局最优解集.　　　　□

下面给出在线和离线性能评价.

(1) **在线性能评价**[129]　这里主要考虑算法的计算复杂度. CWSM 算法主要包括: 混沌初始化、适应度评估、排序、权重更新、位置更新和位置检查, 具有结构简单、容易实现、探索能力强等优点.

设黏菌个体数为 N, 维数为 M, 最大迭代次数为 T_{max}. 那么参数初始化的计算复杂度为 $O(M)$, 种群初始化的计算复杂度为 $O(N \times M)$, 适应度计算和排

序的计算复杂度为 $O(N+N\log N)$(通常, 快速排序的计算复杂度被定为 $O(N\log N)$), 权重更新的计算复杂度为 $O(N \times M)$, 位置更新的复杂度为 $O(N \times M)$.

因此, CWSM 算法的总体复杂度为

$$O(M + T \times N \times (1 + \log N + M)),$$

显然, CWSM 算法的总体计算复杂度较低, 具有结构简单、易实现的优点.

(2) **离线性能评价** CWSM 算法是一种新型的生物进化群体智能算法, 它与遗传算法相似, 如自然选择和适者生存等. 因此, 可以借鉴 Dejong[96] 提出的评价方法对 CWSM 算法进行算法评价, 通过算法的离线性能来衡量算法的收敛性.

定义 3.2 算法到第 T 代时的离线性能为

$$s_e(X) = \frac{1}{T}\sum_{t=1}^{T} f_e(X_{best}(t)),$$

其中 e 为当前个体所处环境, $f_e(X_{best}(t))$ 为第 T 代的最佳适应度值, 那么离线性能表示的是 CWSM 算法更新到第 T 代时每一代最佳适应度值的平均值.

3.4.4 数值实验结果

为了验证 CWSM 算法求解广义 Nash 平衡问题的可行性, 给出了几个数值算例. 通过 KKT 条件将广义博弈问题转化为非线性互补问题, 借助互补函数将非线性互补问题转化为非线性方程组问题进行求解, 并用 CWSM 算法得到的数值结果和离线性能与 SMA 进行比较. 其中, 例 3.4 和例 3.5 为两人两策略广义 Nash 平衡问题, 例 3.6 为两人三策略的广义 Nash 平衡问题. 参数设置如下: 例 3.4 和例 3.5 的种群规模为 $N = 50$, 最大迭代次数 $T_{max} = 200$, 适应度精度 $\varepsilon = 10^{-3}$. 例 3.6 的种群规模为 $N = 50$, 最大迭代次数为 $T_{max} = 300$, 适应度精度为 $\varepsilon = 10^{-4}$.

例 3.4 [134] 考虑两人两策略的一个博弈问题, 目标函数和约束条件如下:

$$\min \theta_1(x_1, x_2) = x_1^2 - 4x_1 + 3$$
$$\min \theta_2(x_1, x_2) = x_2^2 - 2x_2 + 4$$
$$x_1 + x_2 - 1 \geqslant 0,$$
$$-x_1 + 2x_2 - 2 \geqslant 0,$$
$$x_1, x_2 \geqslant 0,$$

其中 $\theta_i, i = 1, 2$ 为支付函数, $x_i, i = 1, 2$ 为决策变量.

SMA 与 CWSM 算法的计算结果如表 3.4, 离线性能如图 3.5. 表 3.4 显示, 在相同精度的前提下求得均衡解的迭代次数不同, SMA 平均迭代 92 次, CWSM 算法平均迭代 52 次. SMA 和 CWSM 算法都能够有效地求解该问题的广义 Nash 均衡, 求得近似 Nash 平衡解为 $x^* = (1.6,\ 1.8)$, 但图 3.5 显示 CWSM 算法的离线性能要优于 SMA. 因此, SMA 和 CWSM 算法都能够实现该广义 Nash 平衡问题的求解, 但是 CWSM 表现出比 SMA 算法有更强的收敛性.

表 3.4 例 3.4 的计算结果

	SMA			CWSMA			
CN	IN	$x^* = (x_1, x_2)^1$	FFV	IN	$x^* = (x_1, x_2)^1$	FFV	t^2
1	84	$(1.599, 1.8032)$	0.00043735	60	$(1.6084, 1.8099)$	0.0003143	0.1222
2	79	$(1.6062, 1.8147)$	0.00053193	32	$(1.58, 1.8012)$	0.00083356	0.1167
3	115	$(1.5899, 1.8113)$	0.00053232	55	$(1.6109, 1.8074)$	0.00072218	0.1460
4	89	$(1.5927, 1.8114)$	0.00098968	67	$(1.5928, 1.8041)$	0.00046885	0.1642
5	93	$(1.5937, 1.7988)$	0.0003703	45	$(1.6079, 1.819)$	0.00073047	0.1065

1 广义博弈 Nash 平衡解;
2 运行时间 (秒).

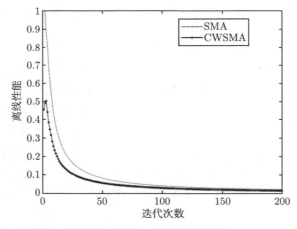

图 3.5 例 3.4 的离线性能图

例 3.5 [121,135] 考虑一个两人两策略的广义 Nash 平衡问题, 模型如下:

$$\min \theta_1(x_1, x_2) = x_1^2 + \frac{8}{3} x_1 x_2 - 34 x_1$$

$$\min \theta_2(x_1, x_2) = x_2^2 + \frac{5}{4} x_1 x_2 - \frac{98}{4} x_2$$

$$x_1 + x_2 - 1 \geqslant 0,$$

$$x_1 + x_2 \leqslant 15,$$

$$0 \leqslant x_1, x_2 \leqslant 10,$$

其中 $\theta_i, i = 1, 2$ 为支付函数, $x_i, i = 1, 2$ 为决策变量.

　　SMA 与 CWSM 算法的计算结果如表 3.5, 离线性能如图 3.6. 表 3.5 和图 3.6 显示, 在相同精度情况下 SMA 平均迭代 86 次, CWSM 算法平均迭代 60 次. SMA 和 CWSM 算法都能够有效地求得该问题的广义近似 Nash 平衡解 $\boldsymbol{x}^* = (5, 9)$, 但 CWSM 算法的收敛速度比 SMA 更快, CWSM 算法表现出更强的收敛性. 同时, 在相同结果的前提下, 进一步说明了用 CWSM 算法求解广义 Nash 平衡问题的有效性.

表 3.5　例 3.5 的计算结果

	SMA			CWSMA			
CN	IN	$\boldsymbol{x}^* = (x_1, x_2)$	FFV	IN	$\boldsymbol{x}^* = (x_1, x_2)$	FFV	t
1	85	(5.1014,8.9172)	0.00087971	45	(5.0562,8.9647)	0.00067237	0.1009
2	107	(5.1471,8.9003)	0.00049742	51	(5.0481,8.9695)	0.00088938	0.1086
3	58	(4.9765,9.0118)	0.00014152	92	(5.2175,8.8481)	0.0008889	0.1696
4	69	(5.1595,8.8826)	0.00065889	76	(5.0099,8.9974)	0.00086	0.1302
5	113	(4.9013,9.0647)	0.00069247	39	(4.9848,9.0113)	0.00041207	0.0890

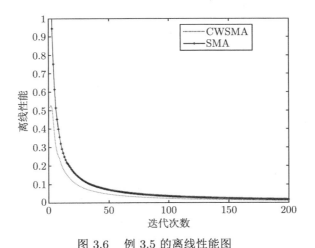

图 3.6　例 3.5 的离线性能图

　　例 3.6[114]　考虑两人三策略的广义 Nash 平衡问题, 该博弈中局中人 1 有两个策略, 具体问题如下:

$$\min \theta_1(x_1, x_2, x_3) = x_1^2 + x_1 x_2 + x_2^2 + (x_1 + x_2) x_3 - 25x_1 - 38x_2$$
$$\min \theta_2(x_1, x_2, x_3) = x_3^2 + (x_1 + x_2) x_3 - 25x_3$$
$$x_1 + 2x_2 - x_3 \leqslant 14,$$

$$3x_1 + 2x_2 + x_3 \leqslant 30,$$

$$x_1, x_2, x_3 \geqslant 0,$$

其中 $\theta_i, i = 1, 2$ 为局中人 1 和局中人 2 的支付函数, $x_i, i = 1, 2$ 为局中人 1 的决策变量, x_3 为局中人 2 的决策变量.

SMA 与 CWSM 算法的数值结果如表 3.6, 离线性能如图 3.7. 表 3.6 和图 3.7 显示, 在相同精度前提下 SMA 平均迭代 228 次, CWSM 算法平均迭代 161 次. SMA 和 CWSM 算法都能够求出该广义 Nash 平衡的近似解 $\boldsymbol{x}^* = (0, 11, 8)$. 由离线性能图 3.7 可知, SMA 在收敛速度不如 CWSM 算法, CWSM 算法收敛速度更快, 收敛效果更好.

表 3.6   例 3.6 的计算结果

	SMA			CWSMA			
CN	IN	$\boldsymbol{x}^* = (x_1, x_2, x_3)$	FFV	IN	$\boldsymbol{x}^* = (x_1, x_2, x_3)$	FFV	t
1	262	(0,10.9593,8.07841)	5.6945e-08	158	(0,10.9978,8.00084)	7.0703e-05	0.3930
2	232	(0,10.9324,8.12303)	4.5016e-05	174	(0.00200876,10.8732,8.24742)	8.345e-05	0.3519
3	225	(0,10.9793,8.0399)	6.3083e-05	190	(0,10.9806,8.03796)	5.6727e-05	0.2405
4	253	(0,10.9728,8.04466)	3.507e-07	132	(0,10.9522,8.09447)	8.0659e-06	0.3308
5	170	(0,10.9696,8.02137)	7.0045e-05	150	(0.0123034,10.9639,8.01648)	1.3159e-05	0.3273

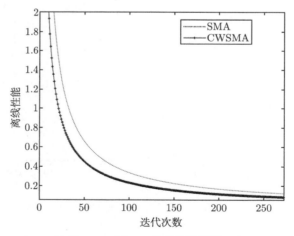

图 3.7   例 3.6 的离线性能图

3.5   本 章 小 结

本章提出了 CIQPSO 算法和 CWSM 算法来求解广义博弈 Nash 平衡的近似解. 一方面, 通过构造恰当的适应度函数用 CIQPSO 算法求解广义博弈 Nash 平衡问题, 用数值实验来说明该算法是行之有效的. 例 3.1 和例 3.2 证明了 CIQPSO 算法优于免疫粒子群算法, 其收敛性速度更快, 迭代不依赖于初始点的选择, 其中, 例 3.2 证明了 CIQPSO 算法优于传统的 Newton 法进行归一化后所得的平衡, 并保证了一些适应度差的解不会丢失. 例 3.3 证明了 CIQPSO 算法优于拟变分不等式罚方法, 并且在相同的精度下, 计算速度更快, 花费时间更少. 总之, 说明了 CIQPSO 算法在求解广义博弈 Nash 平衡时适应度函数不需要很高的光滑性, 且不依赖初始点的选择, 收敛速度更快, 离线性能效果更好, 很好地体现了群体智能算法的有效性.

另一方面, 使用群智能算法求解 GENP. 首先, 利用 KKT 条件将 GNEP 转化为非线性互补问题, 进一步使用 "min" 互补函数将问题转化为非线性方程组问题, 并定义一个恰当的适应度函数. 其次, 将 Tent 映射、Lévy 飞行策略以及鲸鱼搜索包围机制引入到 SMA 中设计了 CWSM 算法, CWSM 算法具有复杂度低、易于实现、探索能力和开发能力强、性能稳定等优点, 相比于传统算法更具有不依赖于初始点选择的优点. 同时, 将算法迭代过程等价于一个 Markov 过程, 从而利用 Markov 链给出 CWSM 算法的收敛性证明. 最后, 四个数值例子体现出了将 GNEP 转化为非线性方程组问题求解的可行性, 以及利用 SMA 和 CWSM 算法求解广义博弈 Nash 平衡的有效性, 并说明 CWSM 算法比 SMA 具有更好的收敛性, 进而体现出群智能算法求解 GNEP 的可行性和有效性, 该求解途径具有一定的研究意义.

第 4 章　主从博弈 Nash 平衡实现算法

4.1　引　　言

主从博弈是主从决策问题的数学模型, 它是一种具有主从递阶结构的系统优化问题, 上下层问题都有各自的目标函数和约束条件. 上层 (领导者) 问题的目标函数和约束条件不仅与上层决策变量有关, 而且还依赖于下层 (跟随者) 问题的最优解, 而下层问题的最优解又受上层决策变量的影响. 主从博弈是非合作决策问题的博弈模型, 决策过程中的局中人扮演非对称角色, 具体来讲, 在这些博弈中, 其中一个局中人 (称为领导者) 占主导地位, 并且有能力通过在其他局中人 (称为跟随者) 之前领先于其他局中人执行其策略. 这些决策问题出现在经济学和工程学的各种背景下, 主从博弈的变化是基于决策过程中的层次等级的数量以及在这些等级中承担领导者和追随者角色的参与者的数量. 在主从博弈中, 领导者具有领导优势, 能够在博弈中占据先机或者有利位置, 跟随者必须跟在领导者之后做出决策. 在实际生活中, 很多问题都可以看成是主从博弈问题, 主从博弈受到各个领域广泛关注, 比如运筹学、经济学、人工智能和管理科学等.

单主多从博弈是多主多从博弈的一种特殊形式, 也称为双层规划问题. Yu 和 Wang[136] 介绍了单主多从和多主多从博弈 Nash 平衡点的存在性定理. Jia 等[137] 研究了单主多从多目标博弈弱 Pareto-Nash 平衡的存在性和稳定性. 单主多从博弈包含一个领导者和多个跟随者. 领导者能够支配和期待跟随者的反应, 领导者通过了解跟随者的反应从自己可行的策略空间中选择最佳策略. 跟随者根据领导者给定的策略做出最佳反应. 当前, 许多问题在现实中可以被视为领导者-跟随者问题, 例如供应商和零售商之间的问题[138], 集团和子公司之间的问题, 中央政府和地方政府之间的问题[139], 以及捍卫者和多个攻击者之间的问题[140].

单主多从博弈被视为具有领导者-跟随者层次结构的双层规划问题[141]. 虽然对双层线性规划的研究相对成熟, 但对非线性双层规划的研究还比较缺乏. 非线性双层规划的求解是一个 NP 难问题[142]. 幸运的是, 随着生物进化和启发式算法的发展, 群体智能算法已经显示出解决非线性双层规划问题的能力. 许多学者试图通过使用群体智能算法来解决单主多从博弈的 Nash 平衡问题, 包括动态粒子群优化算法[143]、遗传算法[144,145] 和嵌套进化算法[146]. 本章考虑用群智能算法来求解单主多从博弈的 Nash 均衡. 另外, 需要指出的一个事实是, 免疫粒子群算法本质上是一种智能迭代算法, 在算法的迭代过程中, 粒子会根据观察到的博弈结果向自身的最优解进化, 且同时向群体中表现最好的同伴进化. 每个局中人都会根据进化过程中的个体极值和群体极值, 不断地调整自己的策略, 最终趋向博弈的平衡点. 因此, 应用双层免疫粒子群算法求解主从博弈问题, 不但可以求出 Nash 平衡点, 而且可以预测博弈的实现路径, 模拟博弈活动的全过程, 为实际经济生活中的博弈活动提供决策参考.

4.2 主从博弈模型

一个领导者和 N 个跟随者的主从博弈模型可以表示如下: 记 $\mathcal{N} = \{1, \cdots, N\}$ 是跟随者的集合, $\forall i \in \mathcal{N}$, y_i 是第 i 个跟随者的控制向量. 第 i 个跟随者的策略集是 Y_i, 其中 $Y = \prod_{i=1}^{N} Y_i$, $Y_{-i} = \prod_{j \in \mathcal{N}, j \neq i} Y_j$. 设领导者的策略集是 X, $x \in X$ 是领导者的控制向量, 领导者的目标函数是 $\varphi : X \times Y \to R$, 第 i 个跟随者的目标函数是 $f_i : X \times Y \to R$. 另外, 含有领导者策略参数 x 的跟随者最优回应策略由集值映射 $K : X \to 2^Y$ 定义:

$$K(x) = \{y \in Y : f_i(x, y_i, y_{-i}) = \min_{v_i \in Y_i} f_i(x, v_i, y_{-i})\}.$$

如果存在跟随者的策略 $y^* = (y_1^*, y_2^*, \cdots, y_n^*) \in K(x^*)$, $\forall i \in \mathcal{N}$, 满足以下不等式:

$$f_i(x, y_i^*, y_{-i}^*) \leqslant f_i(x, v_i, y_{-i}^*), \quad \forall v_i \in Y_i.$$

在这种情况下, 如果 y^* 被称为跟随者的 Nash 平衡, 那么领导者的策略 x^* 满足:

$$\varphi(x^*, y^*) = \max_{x \in X} \varphi(x, y^*),$$

则称 x^* 是领导者的 Nash 平衡, 策略组合 (x^*, y^*) 是单主多从博弈的 Nash 平衡, 这意味着每个跟随者不能通过单独改变他/她的策略来获得额外的收益, 即当领导者的策略给定时, 每个跟随者都作出了他/她的最佳回应对策.

一个领导者和 N 个跟随者的博弈模型表示如图 4.1 所示.

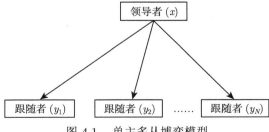

图 4.1 单主多从博弈模型

现在, 给出以下假设.

假设 4.1　(a) 领导者的目标函数是 $\varphi : X \times Y \to \mathbb{R}$, 跟随者的可行策略集为 $G : X \to \mathbb{R}$, 其中 φ 和 G 都是连续的.

(b) $\forall i \in \mathcal{N}$, 跟随者的目标函数为 $f_i : X \times Y \to \mathbb{R}$, 跟随者的约束函数 $g_i : X \times Y \to \mathbb{R}$, 他们都是一次可微, 并且具有局部 Lipschitz 连续的一阶导数.

(c) $\forall i \in \mathcal{N}$, 给定任意的 y_{-i}, 每个跟随者的目标函数 $f_i(x, y_i, y_{-i})$ 关于 y_i 是凸的, 约束函数 $g_i(x, y_i, y_{-i})$ 关于每个分量 y_i 都是凸的.

上述模型的一般表达式为

$$
\begin{aligned}
&\text{领导者} : \begin{cases} \max_{x \in X} \quad \varphi(x, y) \\ \text{s.t.} \quad G(x) \leqslant 0, \end{cases} \\
&\text{跟随者} : \forall i \in I, \begin{cases} \min_{y \in Y} \quad f_i(x, y) \\ \text{s.t.} \quad g_i(x, y_i, y_{-i}) \leqslant 0, \end{cases}
\end{aligned}
\tag{4.1}
$$

其中 x 和 y 分别表示领导者和跟随者的决策变量. φ 表示领导者的目标函数, f_i ($\forall i \in \mathcal{N}$) 表示跟随者的目标函数. 领导者优先选择自己的策略 x, 再反馈给跟随者, 从而限制跟随者的约束集, 跟随者根据领导者的策略选择自己的策略 $y = (y_1, y_2, \cdots, y_N)$, 进而影响领导者的策略, 所以 $y = y(x)$ 表示跟随者的最优策略 y 对领导者策略 x 的依赖. 我们称 $y(x)$ 为反应函数. 根据文献 [147] 可知, 主从博弈具有以下三大特点:

(1) 层次性. 领导者具有领导优势, 首先做出自己的策略, 跟随者在不违背领导者策略规定的策略集中选择自己的策略.

(2) 自发性. 主从双方都是以最大化自身利益为目标, 任意一方单方面偏离博弈的平衡都会导致收益下降.

(3) 交互性. 交互性主要体现在两方面: 一方面是目标函数的耦合性, 即目标多数都是不一致, 也存在相互冲突的情况; 另一方面是策略集的耦合性, 即跟随者的策略集受到领导者策略的影响, 从而让博弈问题变得复杂.

将问题 (4.1) 的集合定义如下 [142, 148]: 问题 (4.1) 的可行集记为 $\Omega = \{(x, y) \in X \times Y : G(x) \leqslant 0, g_i(x, y_i, y_{-i}) \leqslant 0\}$. 对于 $x \in X$ 的固定值, 跟随者的可行集为 $\Omega(x) = \{y \in Y : g_i(x, y_i, y_{-i}) \leqslant 0\}$. Ω 在领导者决策空间中的投影用 $\overline{X} = \{x : \text{存在 } y, \text{使得 } (x, y) \in \Omega\}$ 表示. 对于 $x \in \overline{X}$ 的固定值, 跟随者的最优回应集为 $K(x) = \{y : y \in \arg\min\{f_i(x, y), y \in \Omega(x)\}\}$, 同时问题 (4.1) 的可行域为 $\Xi = \{(x, y) : x \in \overline{X}, y \in K(x)\}$. 因此, 问题 (4.1) 转化为如下的优化问题:

$$
\max\{\varphi(x, y) : (x, y) \in \Xi\}.
$$

由于 Nash 平衡可能不是唯一的, 将文献 [149] 中效率的概念引入到 Nash 平衡, 被称为效率 Nash 平衡, 它使得社会福利最大化. 效率 Nash 平衡在一定条件下表达了一种双赢的思想, 使其解对领导者和跟随者都有利. 下面给出具体定义.

定义 4.1 (效率) 如果一种策略在整个可行的策略空间中, 使得领导者获得的回报最大、跟随者的损失总和最小 (或回报总和最大) 的方式使社会福利最大化, 则称其为有效策略.

定义 4.2 (效率 Nash 平衡) 设 S 是单主多从博弈的所有 Nash 平衡策略, 求和函数映射为 $U : X \times Y \to \mathbb{R}$, $U_k(x,y)(k = 0,1,\cdots,N)$ 表示从所有 Nash 平衡策略 S 获得的收益总和, 其中 $k = 0$ 表示来自领导者策略的收益总和, $k = 1,\cdots,N$ 表示来自跟随者的收益总和. 如果收益之和 $Z^*(Z^* \in S)$, 那么对于任何其他策略, 收益之和 $Z(Z \in S)$ 满足以下不等式:

$$\sum_{i=0}^{N} U_i(Z) \leqslant \sum_{i=0}^{N} U_i(Z^*), \quad \forall Z \in S,$$

则 Z^* 被称为效率 Nash 平衡. 这意味着社会福利是最大化的, 此时每个局中人都无法通过单独改变他目前的策略来获得额外的优势.

当跟随者问题为凸博弈时, 其最优解可由 KKT 最优性条件表示. 所以, 下层博弈问题可以转化成以 KKT 条件为约束的最优化问题, 再与上层优化问题进行交替求解. 以下给出跟随者博弈问题的 KKT 条件, $\forall i \in \mathcal{N}$:

$$\begin{cases} \nabla_{y_i} f_i + \lambda_i^{\mathrm{T}} \nabla_{y_i} g_i = 0, \\ \lambda_i g_i = 0, \\ \lambda_i \geqslant 0, \\ g_i \leqslant 0, \end{cases} \tag{4.2}$$

式 (4.2) 是一个非线性互补问题, 从而将多个跟随者的博弈问题利用凸优化中的 KKT 条件转化为一个非线性互补问题.

以下根据互补函数法将非线性互补问题转化为一个非线性方程组问题.

设函数 $\phi : \mathbb{R}^2 \to \mathbb{R}$, 如果 $\phi(a,b) = 0 \Rightarrow a \geqslant 0$, $b \geqslant 0$, $ab = 0$, 则称函数 ϕ 为 FB 互补函数, 设

$$\Phi_{\mathrm{FB}}(x,y,\lambda) = \begin{cases} L(x,y,\lambda), \\ \phi_{\mathrm{FB}}(-g_1(x,y_1),\lambda_1), \\ \quad\cdots\cdots \\ \phi_{\mathrm{FB}}(-g_N(x,y_N),\lambda_N), \end{cases} \tag{4.3}$$

其中 ϕ_{FB} 是 FB 函数, 则将非线性互补问题 (4.3) 等价地转化为求解 $\phi_{FB}(x, y, \lambda) = 0$ 的问题, 所以针对跟随者博弈问题通过互补问题转化为求解非线性方程组问题, 设计双层免疫粒子群算法进行求解.

定义双层免疫粒子群算法求解单主多从博弈 Nash 平衡问题的适应度函数如下:

$$f(x) = \|\Phi_{FB}(x, y, \lambda)\|^2,$$

即 $f(x) = 0 \Leftrightarrow \Phi_{FB}(x, y, \lambda) = 0$, 所以求解 $\Phi_{FB}(x, y, \lambda) = 0$, 等价于在可行约束范围内求 $\min_x f(x)$ 使得 $f(x)$ 的最小值充分接近 0.

4.3　双层免疫粒子群算法求解主从博弈 Nash 平衡

4.3.1　双层免疫粒子群算法的实现步骤

本节设计的双层免疫粒子群算法的实现步骤如下:

步骤 1　确定算法的参数值. 包括学习因子 c_1, c_2, 上层最大迭代次数 T_{max1}, 下层最大迭代次数 T_{max2}, 惯性权重 w_{max}, w_{min}, 精度 ε, 群体规模 N.

步骤 2　通过上层 (领导者) 问题可行域范围随机生成初始值 x_0, 并随机生成 N 个粒子 $x_i(i = 1, 2, \cdots, N)$.

步骤 3　下层 (跟随者) 根据上层初始解 x_0 做出自己的最优回应, 即用免疫粒子群算法寻找最好的均衡点 y^*.

步骤 4　随机生成 N 个粒子 y_i 和初始速度 v_i $(i = 1, 2, \cdots, N)$, 形成初始种群 p_0.

步骤 5　计算下层每个粒子适应度函数值, 找到粒子的个体极值 $p_{best}(i)$ 和全体极值 g_{best}.

步骤 6　按照式 (1.5) 计算惯性权重 w.

步骤 7　按照式 (1.1) 和式 (1.2)更新粒子的速度和位置, 并将 g_{best} 对应的位置粒子存入记忆库.

步骤 8　依次检验第 i 个粒子的位置 y_i^{k+1}, 保证所有粒子在每一次迭代过程在其可行域内.

步骤 9　随机生成 M 个粒子, 同步骤 5.

步骤 10　根据粒子的浓度选择式 (2.1), 从 $N + M$ 个粒子中依据概率大小选取 N 个粒子.

步骤 11　用记忆库中的粒子代替新选取的 N 个粒子中适应度最差的粒子, 生成一个新的粒子群 p_1, 准备进入下一次迭代.

步骤 12　判断是否达到下层的最大迭代次数 T_{max2} 或精度, 是则输出最优粒子 y^*(近似解), 否则转入步骤 5.

步骤 13 将下层更新得到的最优粒子 y^*, 返回到上层问题中, 利用粒子群算法对上层问题求解, 寻找最优的 x^*.

步骤 14 计算上层每个粒子的适应度函数值, 找到粒子的个体极值 $p_{xbest}(i)$ 和全体极值 g_{xbest}.

步骤 15 随机生成初始速度 v_{xi}, 对于每个粒子 i, 用式 (1.1) 和式 (1.2) 更新粒子的速度和位置, 并计算粒子当前位置 x_i 的适应度值, 并将 x_i 的适应度值与前一次迭代的 x_{i-1} 的适应度值比较, 若 $f(x_i) > f(x_{i-1})$, 则 $f(x_{i-1}) = f(x_i)$, 否则 $f(x_i) = f(x_{i-1})$.

步骤 16 对每个粒子 i, 将 x_i 的适应度值与全局 g_{xbest} 的适应度值比较, 若 $f(g_{xbest}) > f(x_i)$, 则 $f(x_i) = f(g_{xbest})$, 否则 $f(g_{xbest}) = f(x_i)$.

步骤 17 判断是否达到上层最大迭代次数 T_{max1} 或精度 $|f(x_{i-1}) - f(x_i)| < \varepsilon$, 是则输出最优粒子 x^*, 否则返回步骤 14.

双层免疫粒子群算法的程序如图 4.2.

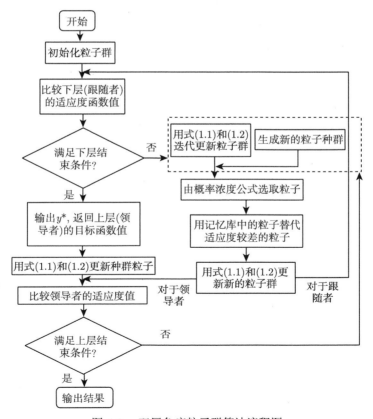

图 4.2 双层免疫粒子群算法流程图

4.3.2 主从博弈双层免疫粒子群算法性能评价

双层免疫粒子群算法表达了一种与遗传算法类似的生物进化群体智能算法, 比如 "自然选择" 和 "适者生存". 因此, 算法性能的评价可以借鉴由文献 [96] 中 Dejong 给出的分析遗传算法性能而提出的定量 (可测量分析) 方法, 根据双层免疫粒子群算法的离线性能来评估其收敛性.

定义 4.3 跟随者和领导者的离线性能函数分别为 $s^* : \mathbb{R} \to \mathbb{R}$ 和 $u^* : \mathbb{R} \to \mathbb{R}$, 表达式如下:

$$\text{领导者}: \quad s^*(x, y) = \frac{1}{T_1} \sum_{t=1}^{T_1} \varphi^*(x, y),$$

$$\text{跟随者}: \quad u^*(x, y) = \frac{1}{T_2} \sum_{t=1}^{T_2} f^*(x, y).$$

由上式可知, 离线性能表示最佳适应度函数的累积平均值. 当粒子更接近适应度函数值时, 粒子能更好地适应该主从博弈问题, 因此粒子更适合于一定约束条件下的目标函数.

4.3.3 数值实验结果

为了验证本章所提算法的有效性, 给出以下算例.

例 4.1 设有一主二从博弈, 其策略分别为 x, y_1, y_2, 支付函数为 $\varphi(x, y)$, 损失函数分别为 $f_1(x, y)$, $f_2(x, y)$, 其中,

$$\max_x \ \varphi(x, y) = x y_1 y_2$$
$$0 \leqslant x \leqslant 40,$$
$$\min_{y_1} f_1(x, y_1) = (y_1 - 4)^2$$
$$2y_1 + x \leqslant 30,$$
$$y_1 \geqslant 0,$$
$$\min_{y_2} f_2(x, y_2) = (y_2 - 5)^2$$
$$y_2 + 2x \leqslant 20,$$
$$y_2 \geqslant 0.$$

双层免疫粒子群优化算法中的参数设置如下: 粒子群群体规模 $N = 20$, 学习因子 $c_1 = c_2 = 2$, 领导者的最大迭代次数 $T_{max1} = 200$, 跟随者的最大迭代次数 $T_{max2} = 300$, 最大惯性权重 $w_{max} = 0.2$, 最小惯性权重 $w_{min} = 0.1$, 跟随者新种群个体数目 $M = 10$, 领导者的适应度函数精度设置为 $\varepsilon = 10^{-3}$, 跟随者的

适应度函数精度设置为 $\varepsilon = 10^{-2}$. 计算结果和离线性能分别如表 4.1、表 4.2 和图 4.3 所示.

表 4.1 免疫粒子群算法求解跟随者的计算结果

CN^1	IN^2	$LFNE^3$	FFV^4
1	300	$y_1 = 3.9981, y_2 = 5.0259$	0.0218
2	274	$y_1 = 3.9993, y_2 = 4.9979$	0.0022
3	300	$y_1 = 3.9397, y_2 = 5.0080$	0.0277
4	300	$y_1 = 3.9747, y_2 = 5.0428$	0.0446
5	300	$y_1 = 4.0307, y_2 = 4.9936$	0.0279

1 计算次数 (number of calculation, CN);
2 迭代次数 (number of iteration, IN);
3 主从博弈 Nash 平衡 (Nash equilibrium of leader-follower game, $LFNE$);
4 适应度函数值 (fitness function value, FFV).

表 4.2 粒子群算法求解领导者的计算结果

CN	IN	$LFNE$	FFV
1	75	$x = 7.487$	150.445
2	80	$x = 7.501$	149.932
3	84	$x = 7.500$	150.00
4	101	$x = 7.479$	149.898
5	150	$x = 7.5032$	151.022

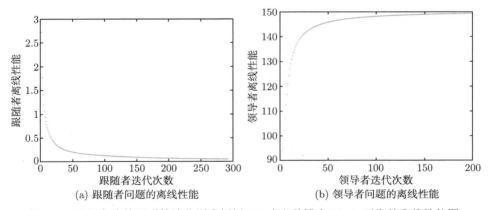

(a) 跟随者问题的离线性能　　　　(b) 领导者问题的离线性能

图 4.3 双层免疫粒子群算法分别求解例 4.1 中主从博弈 Nash 平衡的离线性能图

由计算结果可知, 跟随者问题利用免疫粒子群算法平均迭代 295 次求出近似 Nash 平衡为 (4, 5), 领导者问题利用粒子群算法平均迭代 98 次就求出领导者的近似 Nash 平衡为 7.5. 因此, 五次计算结果给出例 4.1 的近似主从博弈 Nash 平衡点 (7.5, 4, 5), 计算过程中, 迭代次数少, 每次计算的初始点都是随机生成的, 计算过程不依赖初始点的选取, 由图 4.3 中可以看出, 算法的离线性能反映了该算法具有较好的收敛性.

例 4.2 [150] 假设有一个单主多从博弈, 其中领导者策略为 $x = (x_1, x_2, x_3, x_4)$, 跟随者的策略为 $y_1 = (y_{11}, y_{12})$ 和 $y_2 = (y_{21}, y_{22})$. 同时领导者的支付函数是 $\varphi(x, y_1, y_2)$, 跟随者的损失函数是 $f_1(y_1)$ 和 $f_2(y_2)$.

$$\max_x \ \varphi(x, y_1, y_2) = (200 - y_{11} - y_{21})(y_{11} + y_{21}) + (160 - y_{12} - y_{22})(y_{12} + y_{22})$$

$$x_1 + x_2 + x_3 + x_4 \leqslant 40,$$

$$0 \leqslant x_1 \leqslant 10, \ 0 \leqslant x_2 \leqslant 5, \ 0 \leqslant x_3 \leqslant 15, \ 0 \leqslant x_4 \leqslant 20,$$

$$\min_{y_1} \ f_1(y_1) = (y_{11} - 4)^2 + (y_{12} - 13)^2$$

$$0.4y_{11} + 0.7y_{12} \leqslant x_1,$$

$$0.6y_{11} + 0.3y_{12} \leqslant x_2,$$

$$0 \leqslant y_{11}, \ y_{12} \leqslant 20,$$

$$\min_{y_2} \ f_2(y_2) = (y_{21} - 35)^2 + (y_{22} - 2)^2$$

$$0.4y_{21} + 0.7y_{22} \leqslant x_3,$$

$$0.6y_{21} + 0.3y_{22} \leqslant x_4,$$

$$0 \leqslant y_{21}, \ y_{22} \leqslant 40.$$

对于领导者的决策向量 x_0, 跟随者对应的策略为 (y_1, y_2). 当领导者策略选定时, 跟随者的最优决策向量可能并不唯一. 因此, 效率 Nash 平衡也不是唯一的, 甚至可能有多个, 由于对 Nash 平衡进行了有效的精炼, Nash 平衡的数量大大地减少了. 通过使用双层免疫粒子群算法分别求解跟随者的策略 $y = (y_1, y_2)$ 和领导者的策略 x^*. 数值实验结果显示如表 4.3.

表 4.3　双层免疫粒子群算法求解例 4.2 实验结果

x	y_1	y_2	$\max \varphi^1$	$\min f_1^2$	$\min f_2^3$
(7, 3, 12, 18)	(0, 10)	(30, 0)	6600	25	29
(6.97, 3.03, 12.03, 17.97)	(0.1, 9.9)	(29.9, 0.1)	6600	24.82	29.62
(6.96, 3.04, 12.05, 17.95)	(0.15, 9.85)	(29.85, 0.15)	6600	24.745	29.945
(6.94, 3.06, 12.06, 17.94)	(0.2, 9.8)	(29.8, 0.2)	6600	24.68	30.28
(6.91, 3.09, 12.09, 17.91)	(0.3, 9.7)	(29.7, 0.3)	6600	24.58	30.98
(6.85, 3.15, 12.15, 17.85)	(0.5, 9.5)	(29.5, 0.5)	6600	24.5	32.50
(6.7, 3.3, 12.3, 17.7)	(1, 9)	(29, 1)	6600	25	37
(7.05, 3.13, 11.93, 17.89)	(0.26, 9.92)	(29.82, 0.18)	6599.99	23.47	30.83
...	...	...	...	...	...

1 $\max \varphi(x, \ y_1, y_2)$; 2 $\min f_1(x, \ y_1)$; 3 $\min f_2(x, \ y_2)$.

运行双层免疫粒子群算法, 其中跟随者迭代 178 次, 领导者迭代 105 次. 计算结果如表 4.3 所示. 当领导者的收益最大时, 跟随者之间存在动态竞争, 即当一个跟随者的损失增加时, 另一个跟随者的损失会减少. 总的 CPU 时间为 41 秒. 由定义 4.1 和定义 4.2, 领导者选择的策略使总收益最大化, 并使跟随者的损失差距最小, 这也意味着社会福利最大化, 其中每个局中人都不可能通过单独改变他的策略而使自己获得更大的收益. 由表 4.3 可知, 跟随者的最小总损失 $\min\{\min f_1(y_1) + \min f_2(y_2)\}$ 等于 54, 最小损失差距 $\min\{\min f_1(y_1) - \min f_2(y_2)\}$ 等于 4. 此时, 我们可以得到效率 Nash 平衡解为 $(7, 3, 12, 18; 0, 10; 30, 0)$, 领导者的目标值为 $\varphi(x^*, y^*) = 6600$, 同时两个跟随者的目标值分别为 $f_1(y_1^*) = 25$ 和 $f_2(y_2^*) = 29$. 在文献 [145] 中, 遗传算法的运行结果表明, Stacklberg-Nash 平衡为 $(x_1^*, x_2^*, x_3^*, x_4^*; y_{11}^*, y_{12}^*, y_{21}^*, y_{22}^*) = (7.05, 3.13, 11.93, 17.89; 0.26, 9.92; 29.82, 0.18)$, 领导者的目标值是 $\varphi(x^*, y^*) = 6599.99$, 同时两个跟随者的目标值分别是 $f_1(y_1^*) = 23.47$ 和 $f_2(y_2^*) = 30.83$, 这意味着两个跟随者的最小损失差距为 7.36, 最小总损失为 54.30. 文献 [145] 中跟随者之间损失差距比双层免疫粒子群算法更大, 总损失也更大, 因此文献 [145] 中的遗传算法计算效果不如本章提出的双层免疫粒子群算法. 在文献 [150] 中, 领导者的目标函数值为 6600, 但此传统的数学分析算法计算复杂度相对较高, 跟随者的最小总损失为 119.42, 最小损失差距为 19.8, 该方法的计算精度低于双层免疫粒子群算法. 因此, 双层免疫粒子群算法收敛速度较快, 更节省时间, 是一种有效的求解主从博弈平衡的群体智能算法. 综上, 双层免疫粒子群算法得到的效率 Nash 平衡为 $(7.05, 3.13, 11.93, 17.89; 0.26, 9.92; 29.82, 0.18)$, 它使得所有跟随者之间的损失差距最小化, 领导者的收益最大化.

例4.3 假设有一个单主多从博弈模型, 其中领导者的策略为 $x = (x_1, x_2, x_3)$, 同时跟随者的策略分别为 $y_1 = (y_{11}, y_{12})$, $y_2 = (y_{21}, y_{22})$ 和 $y_3 = (y_{31}, y_{32})$. 领导者的支付函数为 $\varphi(x, y_1, y_2, y_3)$, 同时跟随者的支付函数为 $f_1(y_1)$, $f_2(y_2)$ 和 $f_3(y_3)$.

$$
\begin{aligned}
\max_{x} \quad & \varphi(x, y_1, y_2, y_3) = y_{11}y_{12}\sin x_1 + y_{21}y_{22}\sin x_2 + y_{31}y_{32}\sin x_3 \\
& x_1 + x_2 + x_3 \leqslant 10, \\
& x_1 \geqslant 0, \ x_2 \geqslant 0, \ x_3 \geqslant 0, \\
\max_{y_1} \quad & f_1(y_1) = y_{11}\sin y_{12} + y_{12}\sin y_{11} \\
& y_{11} + y_{12} \leqslant x_1, \\
& y_{11} \geqslant 0, \ y_{12} \geqslant 0, \\
\max_{y_2} \quad & f_2(y_2) = y_{21}\sin y_{22} + y_{22}\sin y_{21} \\
& y_{21} + y_{22} \leqslant x_2,
\end{aligned}
$$

$$y_{21} \geqslant 0, \ y_{22} \geqslant 0,$$

$$\max_{y_3} \quad f_3(y_3) = y_{31} \sin y_{32} + y_{32} \sin y_{31}$$

$$y_{31} + y_{32} \leqslant x_3,$$

$$y_{31} \geqslant 0, \ y_{32} \geqslant 0.$$

对于此单主多从博弈最优问题, 该领导者的策略为 $y = (y_1, y_2, y_3)$, 同时领导者策略为 x. 使用双层免疫粒子群算法求解该博弈问题的最优解, 其中跟随者迭代 254 次, 领导者迭代 132 次. 运行计算结果如表 4.4.

表 4.4　双层免疫粒子群算法求解例 4.3 实验结果

x	y_1	y_2	y_3	$\max \varphi^1$	$\max f_1^2$	$\max f_2^3$	$\max f_3^4$
(1.946, 8.054, 0.000)	(0.973, 0.973)	(1.317, 6.737)	(0.000, 0.000)	9.577	1.609	7.099	0.000
(8.054, 1.946, 0.000)	(1.316, 6.738)	(0.973, 0.973)	(0.000, 0.000)	9.57	7.099	1.609	0.000
(0.000, 1.946, 8.054)	(0.000, 0.000)	(0.973, 0.973)	(6.319, 6.735)	9.587	0.000	1.609	7.098
(0.000, 8.054, 1.946)	(0.000, 0.000)	(1.320, 6.734)	(0.973, 0.973)	9.593	0.000	7.098	1.609
(1.946, 0.000, 8.054)	(0.973, 0.973)	(0.000, 0.000)	(1.320, 6.734)	9.593	1.609	0.000	7.098
(8.054, 1.946, 0.000)	(6.734, 1.320)	(0.973, 0.973)	(0.000, 0.000)	9.593	7.098	1.609	0.000
(1.946, 8.054, 0.000)	(0.973, 0.973)	(1.314, 6.378)	(0.000, 0.000)	9.558	1.609	7.094	0.000
$\cdots$	$\cdots$	$\cdots$	$\cdots$	$\cdots$	$\cdots$		

1 $\max \varphi(x, \ y_1, y_2, y_3)$; 2 $\max f_1(x_1, y_1)$; 3 $\max f_2(x_2, y_2)$; 4 $\max f_3(x_3, y_3)$.

使用免疫粒子群算法求解跟随者的策略 $y^* = (y_1^*, y_2^*, y_3^*)$, 同时 y_1^*, y_2^* 和 y_3^* 具有三个相同的目标函数, 因为其分量是相等的. 通过使用粒子群算法求解领导者的策略 x^*, 由表 4.4 可知, 效率 Nash 平衡集合为

- (0.000, 8.054, 1.946; 0.000, 0.000; 1.320, 6.734; 0.973, 0.973);
- (1.946, 0.000, 8.054; 0.973, 0.973; 0.000, 0.000; 1.320, 6.734);
- (8.054, 1.946, 0.000; 6.734, 1.320; 0.973, 0.973; 0.000, 0.000).

例 4.3 的效率 Nash 平衡是多重的. 由定义 4.1 和定义 4.2, 为了提高效率, 每个局中人都选择最小化跟随者之间的收益差距, 并最大化领导者总收益. 进而, 领导者的目标值为 9.593, 跟随者的目标值为集合 $\{1.609, 7.094, 0.000\}$ 的一个, 并且 $\max \sum_{i=1}^{3} f_i(y_i) = 18.300$. 因此, 当例 4.3 得到效率 Nash 平衡时, 领导者的最大收益为 9.593, 跟随者的总收益为 18.300. 双层免疫粒子群算法在 300 代的收敛速度上优于文献 [145] 的算法. 双层免疫粒子群算法的计算时间小于文献 [151], 因此双层免疫粒子群算法收敛速度较快, 节省时间, 是一种有效的算法. 在例 4.3 中, 双层免疫粒子群算法得到最优的效率 Nash 平衡, 即效率 Nash 平衡解集, 从而使所有跟随者之间的支付差距最小化, 使领导者的收益最大化.

4.4 本 章 小 结

针对主从博弈 Nash 均衡的求解问题, 本章借鉴生物学中免疫系统的免疫信息处理机制, 提出了一种求解主从博弈问题的双层免疫粒子群算法, 并通过数值实验的计算和比较, 说明了本章所提算法的有效性. 首先, 考虑一个具有双层层次结构的主从博弈模型. 通过对传统 Nash 平衡的精炼, 定义了效率 Nash 平衡, 这种效率 Nash 平衡对所有跟随者都是有益的, 并大大减少了 Nash 平衡的数量, 这意味着社会福利最大化. 其次, 通过 KKT 条件和互补函数方法, 将单主多从转化为非线性方程问题. 将免疫记忆、自我调节机制和概率浓度选择机制引入到粒子群算法中, 设计双层免疫粒子群算法并结合粒子群算法用于求解单主多从博弈的效率 Nash 平衡解. 最后, 从数值实验的比较和分析可以看出, 双层免疫粒子群算法用于求解单主多从博弈的效率 Nash 平衡是有效的, 该算法比遗传算法的收敛速度更快, 计算效率更高. 双层免疫粒子群算法不依赖于初始点的选择, 保持了种群的多样性, 具有全局收敛和收敛速度快的较大优势.

第 5 章　多目标博弈 Pareto-Nash 平衡实现算法

5.1　引　　言

20 世纪 50 年代, Blackwell[152] 研究了向量值零和博弈问题, 并将其称为多目标博弈模型. 随后, Shapley 和 Rigby[153] 于 1959 年提出了多目标博弈平衡解的概念, 并得到一个混合策略下的平衡点是相应的多目标博弈问题中某些非零和博弈的解的相关结论. 此后, 大量学者对多目标博弈的其他均衡解进行了讨论与研究, 如 Pareto 平衡解、Pareto-Nash 平衡解、Pareto-Berge 平衡解以及字典序平衡解等[137,154–156]. 与单目标博弈不同, 多目标博弈中每个参与者需要考虑多个目标, 这使得同时优化所有目标变得困难甚至不可能. 为了解决这个问题, 把多目标博弈模型转变成多目标优化模型并利用多目标优化的方法是求解多目标博弈平衡解问题的一种重要的途径[157].

在现实情况中, 除了存在各种多目标博弈外, 实际的博弈环境也具有复杂多样性, 个人或组织往往是处于多重相互关联、相互制约的环境中, 并且该环境被称作多冲突环境. 如果将一个冲突环境描述为一个博弈模型, 那么多冲突环境可以由多个相互关联的博弈模型来描述. 因此, 研究多个相互作用的博弈之间的关系, 对研究多冲突环境具有重要意义. 对于研究多个博弈模型, Radford[158] 详细地论述了博弈之间多种形式的连接问题, 指出博弈之间的连接会影响局中人公开的策略和结局偏好. Inohara、Takahashi 和 Nakano[159] 研究了几种相互关联的博弈模型的策略集之间的关系, 并研究了基于策略集之间关系的有限个博弈的集结. Srikant 和 Basar[160] 研究了群体内部的相互作用, 以及群体间的弱交互作用的群体博弈模型. 但这些文献都没有给出具体的博弈集结模型. 吴艳杰等[161] 针对单目标多冲突博弈, 用双矩阵建立了一个多冲突环境下的两人集结博弈模型. 然而, 由于很多实际复杂的冲突环境中局中人所追求目标的多样性, 单目标的博弈集结模型已不能对冲突问题进行全面的描述, 宋业新等[162] 建立了一个基于局中人受约束的多目标双矩阵博弈集结模型. 在实际博弈问题中由于冲突各方相互保密欺骗 (非合作) 以及局中人的主观性和个人偏好等原因, 各局中人的支付函数和策略集是不清晰的, 且在很多时候各局中人只能按照自己的偏好分析他人行为从而作出自己的策略选择. 为了使博弈理论能更好地解决这类实际问题, Zeng 和 瞿勇等[163,164] 分别建立了多冲突环境下具有模糊偏好超博弈集结模型和混合模糊双矩阵博弈的集结模型并对其进行了求解.

在众多的求解 Nash 平衡方法中, 将求解 Nash 平衡等价于求解一个优化问题是最广泛采用的一种研究方式, 因为平衡点是竞争者在竞争环境中追求自我利益的自然行为, 即在一个平衡点上, 每个竞争者都不能够通过单独改变行动增加自己的支付. 因此, 寻找 Nash 平衡通常可以等价于求解一个优化问题, 该问题在许多领域得到了充分的研究. 在现实生活中, 除了简单的单目标博弈外, 所遇到更多的是多目标博弈, 甚至更加复杂的多目标多冲突博弈, 并且单目标博弈可以看作是多目标多冲突博弈的特殊形式. 因此本章介绍多目标多冲突环境下的博弈, 并对 Nash 平衡的求解进行研究. 众所周知, 在最优控制、工程设计、经济和军备竞赛等许多领域中, 决策者通常在决策时不仅仅只考虑一个目标[165-168], 而是综合考虑多个目标. 多目标博弈[169] 是解决现实社会中众多决策者之间互惠问题的一种有效方法, 因此, 研究多目标博弈具有一定的现实意义. 对于多冲突环境下的博弈, Inohara 等[170] 讨论了策略集之间的关系, 并研究了有限策略的集结问题. 然而, 他们并没有提供一个具体的策略集结模型. 在军事上, 一个军队会同时在多个战场上与敌人作战, 由于军事实力、武装力量等方面的制约, 其多重战场是相互关联、相互制约的. 根据博弈论的含义, 一个冲突环境可以视为一个博弈环境, 因此, 可以将多冲突环境看作是多个相互关联的博弈, 并且约束条件可以看作是博弈的目标. 在博弈的研究中, 确定参与人的策略集和支付函数是分析博弈决策的关键, 因此研究集结策略和集结支付函数对于分析多目标多冲突环境下的博弈具有重要研究意义.

5.2 多目标博弈模型

对于多目标博弈来说, 当博弈系统选定策略 x 时, 其收益函数为向量值函数, 博弈参与人 i 的收益函数值可以用 $F_i = (F_{i1}, F_{i2}, \cdots, F_{ir_i})$ $(i = 1, 2, \cdots, n)$ 来表示, 其中 r_i 表示博弈参与人 i 的目标函数的维数, $F_{ik}(x) \to \mathbb{R}^1$ 则表示的是博弈参与人 i 的第 k 个目标函数值. $F = (F_1, F_2, \cdots, F_n)$ 表示博弈系统的收益函数. 多目标博弈是求解多目标多决策个体间相互作用的复杂问题的重要方法之一. 对于多目标博弈来说, 博弈参与人的收益是向量值函数.

定义 5.1 [169] 对 N 人多目标博弈 $\Gamma_2 = <\mathcal{N}, S, F>$, 假设所有博弈参与人都追求 L 个目标, $F_i = (F_{i1}, F_{i2}, \cdots, F_{iL}) : X = \prod_{i=1}^{N} X_i \to \mathbb{R}^L$ 是第 i 个博弈参与人的向量值收益函数. 如果存在 $x^* = (x_1^*, x_2^*, \cdots, x_N^*) \in X$, 使得 $\forall i \in \mathcal{N}, \forall y_i \in X_i$, 有

$$F_i(y_i, x_{-i}^*) - F_i(x_i^*, x_{-i}^*) \notin \mathrm{int}\mathbb{R}_+^L,$$

则 x^* 是此多目标博弈的弱 Pareto-Nash 平衡点, 其中

$$\mathrm{int}\mathbb{R}_+^L = \{(x_1, x_2, \cdots, x_L) \in \mathbb{R}^L : x_1 > 0, \cdots, x_L > 0\}.$$

定义 5.2 [171]　设 f_i 是局中人 i 的支付函数, 那么 Ky Fan 函数 $\psi(x, y)$ 定义为

$$\psi(x, y) = \sum_{i=1}^{N} [f_i(y_i|x) - f_i(x)].$$

$\psi(x, y)$ 在一些文献中也称作 Nikaidô-Isoda 函数, 它首先出现是在文献 [171] 中. Ky Fan 函数等式右侧的每一项表示一个参与人将其策略由 x_i 改变为 y_i 而其他参与人策略不变时该参与人支付的变化, 因此 Ky Fan 函数表示所有参与人支付变化的总和.

根据 Ky Fan 函数的定义和 Nash 平衡点的定义可得

$$\psi(x^*, y^*) \leqslant 0 \Longleftrightarrow \max_{y \in X} \psi(x^*, y) = 0,$$

$$\psi(x^*, y^*) = 0.$$

5.2.1　多目标集结博弈模型

定义 5.3　两人多目标多冲突博弈是指在 $K(K \geqslant 2)$ 环境下局中人 1 和局中人 2 在目标 $L(L \geqslant 2)$ 下存在冲突的情形, 此时的每一个冲突环境可以用一个多目标双矩阵博弈模型表示. 假设在第 $k(k = 1, \cdots, K)$ 个冲突环境下, 局中人 1 和局中人 2 在第 $l(l = 1, \cdots, L)$ 个目标下的支付矩阵分别为 A^{lk} 和 B^{lk}:

$$A^{lk} = \begin{bmatrix} a_{11}^{lk} & a_{12}^{lk} & \cdots & a_{1n_k}^{lk} \\ a_{21}^{lk} & a_{22}^{lk} & \cdots & a_{2n_k}^{lk} \\ \vdots & \vdots & \ddots & \vdots \\ a_{m_k1}^{lk} & a_{m_k2}^{lk} & \cdots & a_{m_kn_k}^{lk} \end{bmatrix}, \quad B^{lk} = \begin{bmatrix} b_{11}^{lk} & b_{12}^{lk} & \cdots & b_{1n_k}^{lk} \\ b_{21}^{lk} & b_{22}^{lk} & \cdots & b_{2n_k}^{lk} \\ \vdots & \vdots & \ddots & \vdots \\ b_{m_k1}^{lk} & b_{m_k2}^{lk} & \cdots & b_{m_kn_k}^{lk} \end{bmatrix},$$

其中 m_k 和 n_k 分别是局中人 1 和局中人 2 的策略数. 特别地, 当 $K = 1$, $L = 1$ 时多目标多冲突下的博弈则变成了正规的单目标博弈, 因此单目标博弈是多目标多冲突环境下博弈的特例.

定义 5.4　如果局中人 1 在 K 个博弈中分别选择一个纯策略, 其中在第 k 博弈 G^k 中选择的纯策略记为 $\alpha_{i_k}^k$, 然后将所有博弈下的纯策略组合在一起称为局中人 1 的可行策略串, 记作 $\alpha_i \triangleq (\alpha_{i_1}^1, \alpha_{i_2}^2, \cdots, \alpha_{i_k}^k, \cdots, \alpha_{i_K}^K)$, $i_k \in \{1, 2, \cdots, m_k\}$. 类似地, 局中人 2 的一个可行策略串记作 $\beta_j \triangleq (\beta_{j_1}^1, \beta_{j_2}^2, \cdots; \beta_{j_k}^k, \cdots, \beta_{j_K}^K)$, $j_k \in \{1, 2, \cdots, n_k\}$.

定义 5.5 局中人 1 和局中人 2 在多冲突环境下的所有可行策略串组成的集合称为可行策略集, 分别记为 $S_1 = \{\alpha_1, \alpha_2, \cdots, \alpha_t\}$ 和 $S_2 = \{\beta_1, \beta_2, \cdots, \beta_r\}$, 这里 t 和 r 分别表示局中人 1 和局中人 2 可行策略串的个数.

定义 5.6 在多冲突环境下的一个集结策略记为 (α_i, β_j), 其中 $\alpha_i \in S_1$, $\beta_j \in S_2$. 由局中人 1 和局中人 2 的集结策略集的笛卡儿积构成了它们的可行策略空间, 即 $S = S_1 \times S_2$.

定义 5.7 在一个集结策略中, 局中人 1 和局中人 2 在每个博弈中选择的可行策略串组成的策略组合称为集结策略的子策略. 例如, 集结策略 (α_i, β_j) 的子策略为 $(\alpha_{i_1}^1, \beta_{j_1}^1), (\alpha_{i_2}^2, \beta_{j_2}^2), \cdots, (\alpha_{i_K}^K, \beta_{j_K}^K)$.

局中人在一个集结策略下的所有子策略对应于各目标的支付之和为该目标的集结支付. 局中人 1 和局中人 2 在第 $l(l = 1, 2, \cdots, L)$ 个目标下选择集结策略 (α_i, β_j) 的支付值分别记为 c_{ij}^l 和 d_{ij}^l, 则

$$c_{ij}^l = \sum_{k=1}^{K} a_{i_k j_k}^{lk}, \quad d_{ij}^l = \sum_{k=1}^{K} b_{i_k j_k}^{lk}. \tag{5.1}$$

定义 5.8 在多目标多冲突环境下的双矩阵集结博弈模型记为 $G = \{S_1, S_2, C^l, D^l\}$, 其中

$$C^l = \begin{bmatrix} c_{11}^l & c_{12}^l & \cdots & c_{1r}^l \\ c_{21}^l & c_{22}^l & \cdots & c_{2r}^l \\ \vdots & \vdots & \ddots & \vdots \\ c_{t1}^l & c_{t2}^l & \cdots & c_{tr}^l \end{bmatrix}, \quad D^l = \begin{bmatrix} d_{11}^l & d_{12}^l & \cdots & d_{1r}^l \\ d_{21}^l & d_{22}^l & \cdots & d_{2r}^l \\ \vdots & \vdots & \ddots & \vdots \\ d_{t1}^l & d_{t2}^l & \cdots & d_{tr}^l \end{bmatrix}, \quad l = 1, 2, \cdots, L.$$

为了解决多目标下的集结博弈模型, 下面引入熵权法.

5.2.2 基于熵权法的集结博弈模型

(1) 利用极差法将集结模型中各目标的支付矩阵转化为标准化矩阵, 对于第 l $(l = 1, 2, \cdots, L)$ 个目标下的支付矩阵 C^l 和 D^l, 取 $\bar{\theta}^l = \max\limits_{1 \leqslant i \leqslant t, 1 \leqslant j \leqslant r} \{c_{ij}^l, d_{ij}^l\}$, $\underline{\theta}^l = \min\limits_{1 \leqslant i \leqslant t, 1 \leqslant j \leqslant r} \{c_{ij}^l, d_{ij}^l\}$.

对于逆向目标

$$e_{ij}^l = \frac{\bar{\theta}^l - c_{ij}^l}{\bar{\theta}^l - \underline{\theta}^l},$$

$$f_{ij}^l = \frac{\bar{\theta}^l - d_{ij}^l}{\bar{\theta}^l - \underline{\theta}^l}, \tag{5.2}$$

$$1 \leqslant i \leqslant t, \quad 1 \leqslant j \leqslant r;$$

对于正向目标

$$e_{ij}^l = \frac{c_{ij}^l - \underline{\theta}^l}{\bar{\theta}^l - \underline{\theta}^l},$$

$$f_{ij}^l = \frac{d_{ij}^l - \underline{\theta}^l}{\bar{\theta}^l - \underline{\theta}^l}, \tag{5.3}$$

$$1 \leqslant i \leqslant t, \quad 1 \leqslant j \leqslant r.$$

设 E^l 和 F^l 分别是 C^l 和 D^l 的标准化矩阵, 则 $E^l = (e_{ij}^l)_{t \times r}$, $F^l = (f_{ij}^l)_{t \times r}$.

(2) 对于标准化矩阵 E^l 和 F^l, 利用熵权法[172,173] 计算各目标的权重.

- 计算第 $l(l = 1, 2, \cdots, L)$ 个目标的熵值:

$$h^l = -\lambda \sum_{i=1}^{t} \sum_{j=1}^{r} \left(\frac{e_{ij}^l}{R^l} \ln \left(\frac{e_{ij}^l}{R^l} \right) + \frac{f_{ij}^l}{R^l} \ln \left(\frac{f_{ij}^l}{R^l} \right) \right), \tag{5.4}$$

其中 $\lambda = \dfrac{1}{\ln(2tr)}$, $R^l = \sum\limits_{i=1}^{t} \sum\limits_{j=1}^{r} (e_{ij}^l + f_{ij}^l)$. 当 $e_{ij}^l = 0$ 或 $f_{ij}^l = 0$ 时,
$\dfrac{e_{ij}^l}{R^l} \ln \left(\dfrac{e_{ij}^l}{R^l} \right) = 0$ 或 $\dfrac{f_{ij}^l}{R^l} \ln \left(\dfrac{f_{ij}^l}{R^l} \right) = 0$.

- 计算第 $l(l = 1, 2, \cdots, L)$ 个目标的差异指数:

$$g^l = 1 - h^l, \quad l = 1, 2, \cdots, L. \tag{5.5}$$

- 计算第 $l(l = 1, 2, \cdots, L)$ 个目标的权重:

$$\omega^l = \frac{g^l}{\sum\limits_{l=1}^{L} g^l}, \quad l = 1, 2, \cdots, L. \tag{5.6}$$

(3) 将集结模型中的两个局中人在所有单目标下的标准矩阵 E^l 和 F^l 进行加权求和, 即

$$\begin{cases} E = (e_{ij})_{t \times r} = \sum\limits_{l=1}^{L} w^l E^l, \\ F = (f_{ij})_{t \times r} = \sum\limits_{l=1}^{L} w^l F^l, \end{cases} \tag{5.7}$$

式中 $e_{ij} = \sum_{l=1}^{L} w^l e_{ij}^l$, $f_{ij} = \sum_{l=1}^{L} w^l f_{ij}^l$.

通过加权求和, 上述多目标多冲突环境下双矩阵集结博弈模型转化为单目标双矩阵集结博弈模型 $\Gamma_2^* = \{S_1, S_2, E, F\}$. 为了更有效地计算该博弈模型, 下面提出两种相应的算法进行求解.

5.3 SNSGA-II 求解多目标博弈 Pareto-Nash 平衡

5.3.1 SNSGA-II 的设计

非支配排序遗传算法-II(non-dominated sorting genetic algorithm-II, NSGA-II), 又被称为精英非支配排序遗传算法, 是一种被广泛应用于多目标优化问题的多目标进化算法 (multi-objective evolutionary algorithms, MOEAs). 该算法引入快速非支配排序、拥挤距离等策略, 使其能够在多目标优化问题中表现出高精度、分布均匀、快速收敛等特点.

1. 快速非支配排序

快速支配排序是一种基于 Pareto 支配理念对种群进行层次划分的方法, 这是一个循环的适应度值分级过程. 首先, 将第一非支配层分配给初始种群中的非支配成员, 并将其记为第一非支配层 Rank1, 然后从初始种群中移除; 其次, 继续对剩余的群体成员进行非支配排序, 记为第二非支配层 Rank2. 按照这个顺序继续划分, 直到整个种群被划分为不同的层次, 在同一层次内的所有个体都遵循相同的非支配序. 执行步骤如下: 首先, 计算种群中个体 q 的支配解集 s_q 和支配 q 的个体数量 n_q. 使 s_q 的初始值为 $\varnothing$, n_q 的初始值为 0. 然后, 将 $n_q = 0$ 的个体放入第一层, 并将它们保存在一个集合中. 对 $n_q = 0$ 的个体与其他个体之间的支配关系进行比较, 并更新相应的非支配解集和支配个体的数量. 完成所有个体的支配计算之后, 将第一层个体所支配的集合中的每个个体的 n_q 减 1, 并增加层数 1. 重复执行此过程直到所有个体都被分层. 在每一轮循环过程中不再关注已经被划分为不同层次的个体, 最终将所有分层的个体整合到统一的集合里.

2. 拥挤距离

在相同等级的 Pareto 前沿 (Pareto frontier, PF) 面上会分布不止一个非支配个体解, 为了得到最优的 Pareto 最优解, 保证 Pareto 集 (Pareto set, PS) 在整个全局中有更均匀的分布, 因此, NSGA-II 将个体拥挤度距离的概念引入进来, 其目的就是通过计算在相同非支配等级中某个体与它最靠近的两个个体的拥挤距离, 再根据计算出的拥挤距离的大小来寻找最优个体. 在判断解的好坏时分为两种情况: 如果两个个体在不同等级, Pareto 等级越小的解集往往越好; 如果两个个体处于相同等级, 就需要借助拥挤度来判断, 一般情况, 个体拥挤度大的个体比个体拥挤度小的个体更好. NSGA-II 通过计算拥挤距离来保持种群的多样性, 拥挤距离是指种群中某一特定个体的周围的个体密度, 对于个体 i, 其拥挤距离是该个体所在的非支配层中两个相邻的个体 $i-1$ 和 $i+1$ 在所有目标函数维度上的距离之和. 设 f_j^i 是第 i 个个体的第 j 个目标函数值, 同时 f_{max}^j 和 f_{min}^j 分别是所有个体的第 j 个目标函数值的最大值和最小值. 令 $d_1 = \infty, d_k = \infty$, 则个体 i 的拥挤距离 d_i 计算方法为

$$d_i = d_i + \frac{f_{i+1}^j - f_{i-1}^j}{f_{max}^j - f_{min}^j}.$$

3. 精英保留策略

精英保留策略是一种通过将父代种群与其产生的子代种群混合后共同竞争再次产生新种群的方法, 该策略能够有效地保留父代中的优良个体, 避免优秀基因的流失, 提高种群多样性.

4. 进化操作

NSGA-II 的进化操作中, 本章采用了锦标赛选择方法选择父代个体, 并将 SBX 和多项式变异用于实数编码遗传算法.

(1) 锦标赛选择

锦标赛选择是一种基于局部竞争的选择方式. 从种群中随机选择 m 个个体进行比较选择适应度值最大的个体进入父代种群. 此过程重复 N 次, 直到父代种群达到相应的规模这种选择方式可让适应度值较大的个体被选为父代种群.

(2) 多项式杂交

本章对 NSGA-II 的交叉过程采用 SBX 方式, 假设 x_1, x_2 作为杂交个体, x_1^j, x_2^j 表示两个个体的第 j 个基因; 那么杂交产生的后代为 y_1, y_2, y_1^j, y_2^j 就表示子代的第 j 个基因; 产生子代的步骤如下:

步骤 1　随机产生一个均匀分布在 $[0,1]$ 上的随机数 $r(j)$.

步骤 2　计算 SBX 算子 $\beta(j)$ 值:

$$\beta(j) = \begin{cases} (2r(j))^{\frac{1}{\eta_c+1}}, & \text{如果 } r(j) \leqslant 0.5, \\ \left(\dfrac{1}{2(1-r(j))}\right)^{\frac{1}{\eta_c+1}}, & \text{其他}, \end{cases}$$

其中 η_c 是一个自行定义的非负实数, 称为交叉分布指数, η_c 的取值越大, 产生的个体越接近父代个体, 搜索范围越小.

步骤 3　计算 y_1^j, y_2^j 的值:

$$y_1^j = \frac{(1+\beta(j))x_1^j + (1-\beta(j))x_2^j}{2},$$

$$y_2^j = \frac{(1 - \beta(j))x_1^j + (1 + \beta(j))x_2^j}{2}.$$

步骤 4 判断 y_1^j, y_2^j 是否越界, 若越界, 则取边界值.

(3) 多项式变异

设个体 $x_i(j)$ 表示个体 x_i 的第 j 个基因, x_i^u, x_i^l 分别为 x_i 的上下界, 则得到变异个体 $y_i(j)$ 的过程如下:

步骤 1 随机产生一个随机数, $r(j) \in (0, 1)$.

步骤 2 通过以下式子计算变异算子 $\alpha(j)$:

$$\alpha(j) = \begin{cases} (2r(j))^{\frac{1}{\eta_m+1}}, & \text{如果} \quad r(j) \leqslant 0.5, \\ 1 - (2(1 - r(j)))^{\frac{1}{\eta_m+1}}, & \text{其他}, \end{cases}$$

其中 η_m 是一个自行定义的非负实数, 称为变异分布指数, η_m 的大小影响变异的程度, η_m 越大, 变异值与原值相差就越小.

步骤 3 计算个体 $y_i(j)$ 的值:

$$y_i(j) = x_i(j) + (x_i^u - x_i^l)\beta(j).$$

步骤 4 判断 $y_i(j)$ 是否越界, 若越界, 则取边界值.

● SNSGA-II 的实现步骤

由于 NSGA-II 在其交叉和变异过程是随机的, 且每一个个体被选中的概率是一致的, 这意味着 NSGA-II 在进化过程中, 可能会出现重复相同的子代, 这些子代因为特定的边界条件而被纳入归档集. 因此, NSGA-II 在有限的时间范围内的每次操作都能趋近于 PF, 但不能确保解的 Pareto 最优性和均衡性. 所以, 本章通过在 NSGA-II 的 SBX 操作中引入随机值和交叉分布指数, 增加父代交叉的随机性, 降低子代的重复率.

设 x_1, x_2 作为杂交个体, x_1^j, x_2^j 表示两个个体的第 j 个基因; 那么杂交产生的后代为 y_1, y_2, y_1^j, y_2^j 就表示子代的第 j 个基因; SNSGA-II 产生子代的步骤如下:

步骤 1 随机产生一个随机数, $r(j) \in (0, 1)$.

步骤 2 计算 $\beta(j)$ 值:

$$\beta(j) = \begin{cases} (2r(j))^{\frac{1}{\eta_c+1}}, & \text{如果} \quad r(j) \leqslant 0.5, \\ \left(\dfrac{1}{2(1 - r(j))}\right)^{\frac{1}{\eta_c+1}}, & \text{其他}, \end{cases}$$

其中 η_c 是一个自行定义的非负实数, 称为交叉分布指数, η_c 的取值越大, 产生的个体越接近父代个体, 搜索范围越小.

步骤 3　计算 y_1^j, y_2^j 的值:

$$y_1^j = \frac{(1 + \beta(j))x_1^j + (1 - \beta(j))x_2^j}{rand() \times (1 + \eta_c)},$$

$$y_2^j = \frac{(1 - \beta(j))x_1^j + (1 + \beta(j))x_2^j}{rand() \times (1 + \eta_c)}.$$

步骤 4　判断 y_1^j, y_2^j 是否越界, 若越界, 则取边界值.
SNSGA-II 的程序如图 5.1.

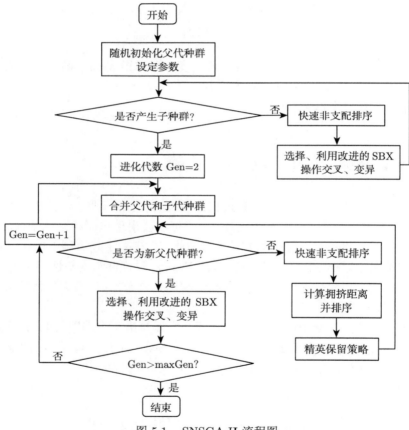

图 5.1　SNSGA-II 流程图

5.3.2　性能指标

MOEAs 的评价指标主要通过衡量解集的质量来比较其性能. MOEAs 的典型评价指标包括所获得的解集的收敛性[174] 以及目标空间中解的多样性[175]. 还

有一些指标可以同时衡量解集的收敛性和多样性[176,177]. 由于测试集函数的真实 PF 是已知的, 因此本章使用反世代距离 (inverted generation distance, IGD)[177] 和超体积 (hypervolume, HV)[178] 指标来评估 MOEAs 获得的每个种群的质量. IGD 的计算公式如下,

$$\text{IGD}(P, S) = \frac{\sqrt{\sum\limits_{i=1}^{|P|} d_i^2}}{|P|},$$

其中 P 是 Pareto 近似前沿, S 为解集, d_i 表示 Pareto 近似前沿 P 上的参考点 p 与最近解 z^i 之间的欧氏距离. IGD 是用来评估 PS 多样性和收敛性的综合评价指标, 其中 IGD 的值越小, 算法的性能越好.

　　HV 通过计算由参考点和待评价解集组成的空间的超体积的值来评估待评价解集的质量, 其计算公式如下:

$$\text{HV}(P, z^r) = \lambda \left(\bigcup_{p \in P} [f_1^p, z_1^r] \times \cdots \times [f_k^p, z_k^r] \right),$$

其中 $z^r = (z_1^r, z_2^r, \cdots, z_k^r)$ 是由 PF 中所有点支配的点的参考点集合, λ 表示勒贝格测度. HV 值越大, 意味着待评估的解集具有更高的质量, 即收敛性和多样性越好.

5.3.3   数值实验结果

　　为了验证 NSGA-II 在 SBX 操作中加入随机值和交叉分布指数能够提高算法在求解 LSMOPs 上的有效性, 本章分别在 NSGA-II 和一些改进的 NSGA-II (比如 TS-NSGA-II[179], DCNSGA-III[180], NSGA-II-conflict[181]) 的 SBX 操作中引入随机值和交叉分布指数得到的算法与原始算法应用于 SMOP 测试集进行比较分析. 同时将 SNSGA-II 与六种 MOEAs (即 CMOPSO[182], MOEA/D-DRA[183], LMOCSO[184], COSB-NSGA-II[185], ANSGA-III[186] 和 WOF-NSGA-II[187]) 对测试集进行求解, 通过比较求解得到的 IGD 平均值、HV 平均值与运行时间, 分析其在 LSMOPs 上的性能. 本章所有的数值实验和数据都是在 PlatEMO[188] 上运行得到的.

　　本次实验, 作为对比的 MOEAs 中的参数是根据原始论文中的数据来设定的, 且这些参数在 PlatEMO 平台上被设定为默认值. 对于 NSGA-II 以及其改进算法在处理实数变量时采用 SBX 和多项式变异操作, 其中交叉概率设定为 1, 变异概率设为 $1/D$ (D 是决策变量个数), 分布指数 η 设为 20.

(1) 测试集问题: 测试集问题 SMOP1 ～ SMOP8 的特点是包含了各种不同难度的函数图像, 如低内在维数、上位性、欺骗性和多模态. 设置目标函数数量为 2, 决策变量数量为 500, 1000, 10000, 并设置最优解的稀疏性 (即每个最优解中非零变量的比率) 为 0.01, 同时设置用于求解 SMOPs 的种群大小为 100.

(2) 最大函数评估次数: 在所有比较的 MOEAs 中, 将函数最大评估次数设置为 $150 \times D$.

1. 基于 SNSGA-II 求解多目标优化问题

在优化领域中, 越来越多的学者对大规模优化 (large-scale optimization, LSO) 感兴趣[189]. 该领域的研究涉及单目标或多目标问题, 其中 LMOPs 是指涉及大量决策变量和多个互相矛盾的目标的问题. 但是, 当决策变量空间维数增大时, 元启发式算法的性能往往会下降. 同时, 当求解 Pareto 最优解中大多数决策变量为 0 的 LSMOPs 时, MOEAs 仍然难以在可接受的时间内找到收敛且多样的 PF. 例如, Tian 等[190] 提出的用于求解 LSMOPs 的算法执行速度明显慢于小规模和先前存在的大规模优化算法. 因此, 本章对 NSGA-II 的进化过程改进得到了 SNSGA-II, 并分析其求解 LSMOPs 的收敛性、多样性与效率. 所提出的算法通过在交叉过程中引入随机值和交叉变异指数, 使得父代在更新子代过程中降低子代的重复率, 增加子代的稀疏性. 将 SNSGA-II 与现有先进算法在 SMOP1 ～ SMOP8[184] 测试集上进行测试分析, 数值实验结果显示, SNSGA-II 较对比算法在解决 LSMOPs 测试集上具有明显的优越性.

表 5.1 和表 5.2 分别展示了 NSGA-II 以及其改进算法中加入随机值和交叉变异指数在 SMOP 系列测试函数上的 IGD、HV 结果 (为便于分析比较, 统一将加入本章改进策略的算法命名前加 S). 由表 5.1 可以看出, 只有 SNSGA-II、SDCNSGA-III 在 SMOP6 测试函数上的 IGD 平均值略大于原始算法, 其余算法在其他的测试函数上的 IGD 平均值都优于原始算法. 因此本章提出的改进策略适用于 NSGA-II 及其改进算法, 并在 SMOP1 ～ SMOP8 测试函数上表现较原始算法好, 尤其是在 SMOP2、SMOP4、SMOP7、SMOP8 测试集上, 加入改进策略后的算法的 IGD 平均值远小于原始算法.

同时, 如表 5.2 所示, 大部分原始的 MOEAs 对 SMOP1 ～ SMOP8 测试集求解得到的 HV 平均值很小, 甚至有些算法得到的 HV 平均值为 0, 比如 NSGA-II-Conflict, 但是在加入改进的 SBX 策略后, SNSGA-II-Conflict 以及其他的算法对求解 SMOP 测试集得到的 HV 平均值都基本大于原始算法. 因此, 改进的 SBX 操作能够提高算法求解 LSMOPs 的种群多样性. 由此表明本章所提出的改进 SBX 策略是有效的, 并能使种群在更新子代过程中降低子代重复率, 增加子代的稀疏性, 使改进算法在 LSMOPs 上的收敛性和多样性表现较好. 为了进一步分析

SNSGA-II 求解 LSMOPs 的有效性, 将改进算法 SNSGA-II 与六种算法应用于求解具有 500, 1000 和 10000 个决策变量的 SMOP1 ∼ SMOP8 测试集, 并通过获得的 IGD 与 HV 平均值分析算法的有效性.

表 5.1 TS-NSGA-II、NSGA-II、DCNSGA-III、NSGA-II-Conflict 及其加入改进策略后的算法在 SMOP1 ∼ SMOP8 测试集上的 IGD 平均值

测试函数	TS-NSGA-II	STS-NSGA-II	NSGA-II	SNSGA-II
SMOP1	6.6154e-1	1.0951e-2	5.0829e-1	1.2199e-2
SMOP2	1.7294e+0	1.9279e-2	1.4188e+0	1.9469e-2
SMOP3	2.0945e+0	1.3428e+0	1.7567e+0	1.3321e+0
SMOP4	1.5724e+0	5.3662e-3	8.5754e-1	5.3818e-3
SMOP5	1.0545e+0	3.8854e-1	5.1370e-1	3.8646e-1
SMOP6	4.9095e-1	3.7062e-1	**1.6534e-1**	3.7176e-1
SMOP7	9.9869e-1	3.9990e-2	9.4214e-1	2.4974e-2
SMOP8	3.0527e+0	6.2095e-2	3.0142e+0	5.2927e-2
测试函数	DCNSGA-III	SDCNSGA-III	NSGA-II-Conflict	SNSGA-II-Conflict
SMOP1	5.6039e-1	1.0725e-2	1.5904e+0	1.6834e-1
SMOP2	1.5028e+0	1.9004e-2	2.8215e+0	1.6008e-1
SMOP3	1.7924e+0	1.3792e+0	3.5119e+0	2.2081e+0
SMOP4	8.7069e-1	4.3848e-3	3.0304e+0	2.1330e-1
SMOP5	5.2145e-1	3.8581e-1	2.1653e+0	7.0297e-1
SMOP6	**1.7153e-1**	3.7593e-1	1.1909e+0	9.7013e-1
SMOP7	1.0999e+0	2.5292e-2	1.5740e+0	1.8449e-1
SMOP8	3.2886e+0	5.5061e-2	3.1457e+0	1.9264e-1

表 5.2 TS-NSGA-II、NSGA-II、DCNSGA-III、NSGA-II-Conflict 及其加入改进策略后的算法在 SMOP1 ∼ SMOP8 测试集上的 HV 平均值

测试函数	TS-NSGA-II	STS-NSGA-II	NSGA-II	SNSGA-II
SMOP1	2.4140e-2	5.7033e-1	8.7487e-2	5.6861e-1
SMOP2	0.0000e+0	5.5924e-1	0.0000e+0	5.5880e-1
SMOP3	0.0000e+0	0.0000e+0	0.0000e+0	0.0000e+0
SMOP4	0.0000e+0	8.1546e-1	4.0694e-2	8.1631e-1
SMOP5	2.4490e-2	3.8313e-1	2.6050e-1	3.8451e-1
SMOP6	2.0408e-1	3.9279e-1	**6.2819e-1**	3.9301e-1
SMOP7	0.0000e+0	2.9524e-1	0.0000e+0	3.1686e-1
SMOP8	0.0000e+0	2.5957e-1	0.0000e+0	2.7790e-1
测试函数	DCNSGA-III	SDCNSGA-III	NSGA-II-Conflict	SNSGA-II-Conflict
SMOP1	5.9798e-2	5.7067e-1	0.0000e+0	3.8115e-1
SMOP2	0.0000e+0	5.5973e-1	0.0000e+0	3.8133e-1
SMOP3	0.0000e+0	0.0000e+0	0.0000e+0	0.0000e+0
SMOP4	3.6620e-2	8.1692e-1	0.0000e+0	5.7020e-1
SMOP5	2.5502e-1	3.8791e-1	0.0000e+0	1.7657e-1
SMOP6	**6.2080e-1**	3.8922e-1	0.0000e+0	7.8523e-2
SMOP7	0.0000e+0	3.1623e-1	0.0000e+0	2.0931e-1
SMOP8	0.0000e+0	2.7427e-1	0.0000e+0	1.6798e-1

正如表 5.3 所示, SNSGA-II 在 SMOP1 ∼ SMOP2、SMOP4 ∼ SMOP5、SMOP7 ∼ SMOP8 测试集上的 IGD 平均值小于其他算法, 尤其是在 SMOP4 测试函数上, SNSGA-II 的性能明显优于其他算法. 如表 5.4, 当决策变量空间维数增大时, 算法的性能逐渐下降, 如 CMOPSO、LMOCSO、COSB-NSGA-II 和 ANSGA-III 这四种算法在求解 SMOP1 测试函数上, 当决策变量维数为 10000 时, HV 平均值趋于 0.

表 5.3　CMOPSO, MOEA/D-DRA, LMOCSO, COSB-NSGA-II, ANSGA-III, WOF-NSGA-II 和 SNSGA-II 分别在 SMOP1 ∼ SMOP8 测试集上获得的 IGD 平均值

Problem	D	CMOPSO	MOEA/D-DRA	LMOCSO	COSB-NSGA-II	ANSGA-III	WOF-NSGA-II	SNSGA-II
SMOP1	500	6.1378e-1	6.9981e-1	7.2700e-1	5.2659e-1	6.0077e-1	2.0024e-2	**1.2314e-2**
	1000	7.8357e-1	7.1874e-1	7.5712e-1	7.3903e-1	7.7321e-1	1.7865e-2	**1.2128e-2**
	10000	1.0318e+0	7.3414e-1	7.8506e-1	1.5326e+0	1.4348e+0	2.5253e-2	**1.2381e-2**
SMOP2	500	1.9159e+0	2.0938e+0	2.0661e+0	1.4897e+0	1.5068e+0	3.0475e-2	**1.9475e-2**
	1000	2.0671e+0	2.1217e+0	2.1046e+0	1.7963e+0	1.7764e+0	2.8289e-2	**2.0083e-2**
	10000	2.2096e+0	2.1368e+0	2.1493e+0	2.3915e+0	2.1766e+0	3.7552e-2	**2.0170e-2**
SMOP3	500	1.9176e+0	1.7424e+0	1.7636e+0	1.8073e+0	1.7984e+0	**9.4803e-1**	1.3408e+0
	1000	1.9573e+0	1.7149e+0	1.7550e+0	2.1481e+0	2.1236e+0	**9.4094e-1**	1.3354e+0
	10000	2.0372e+0	1.7595e+0	1.7750e+0	2.9292e+0	2.6574e+0	**9.2101e-1**	1.4046e+0
SMOP4	500	1.1268e+0	1.1725e+0	1.1545e+0	1.0324e+0	8.7874e-1	1.5739e-2	**5.3408e-3**
	1000	1.1862e+0	1.1896e+0	1.1839e+0	1.2802e+0	1.0174e+0	1.3805e-2	**5.2203e-3**
	10000	1.2531e+0	1.2038e+0	1.2121e+0	2.7299e+0	1.2297e+0	1.3332e-2	**5.1378e-3**
SMOP5	500	4.9890e-1	4.8686e-1	4.8497e-1	7.2839e-1	5.2331e-1	3.9465e-1	**3.8651e-1**
	1000	5.2341e-1	4.9141e-1	4.9171e-1	7.7454e-1	6.1534e-1	3.9640e-1	**3.8678e-1**
	10000	5.6903e-1	5.2237e-1	4.9583e-1	8.5357e-1	6.7761e-1	3.9918e-1	**3.8672e-1**
SMOP6	500	2.0054e-1	2.0885e-1	2.0526e-1	2.1937e-1	1.7224e-1	**1.2723e-1**	3.6930e-1
	1000	2.4502e-1	2.1505e-1	2.1652e-1	4.2544e-1	2.3781e-1	**1.3360e-1**	3.9321e-1
	10000	3.1562e-1	2.3397e-1	2.2577e-1	4.4574e-1	2.3781e-1	**1.2775e-1**	3.8743e-1
SMOP7	500	7.6185e-1	6.4071e-1	8.3972e-1	9.4913e-1	1.1135e+0	7.5526e-2	**2.4880e-2**
	1000	9.7476e-1	6.5618e-1	8.6845e-1	1.3154e+0	1.5080e+0	7.0288e-2	**2.6034e-2**
	10000	9.9738e-1	6.5313e-1	8.5673e-1	1.4220e+0	1.5570e+0	7.4527e-2	**2.5422e-2**
SMOP8	500	3.2344e+0	2.9064e+0	2.9126e+0	3.1796e+0	3.3285e+0	1.0412e-1	**5.2675e-2**
	1000	3.3832e+0	2.9742e+0	2.9928e+0	3.4555e+0	3.4789e+0	9.6024e-2	**5.3496e-2**
	10000	3.6026e+0	3.0547e+0	2.8434e+0	3.6451e+0	3.6234e+0	1.0104e-1	**5.2156e-2**

此外, CMOPSO、MOEA/D-DRA、LMOCSO、COSB-NSGA-II 和 ANSGA-III 求解 SMOP2 ∼ SMOP4、SMOP7 ∼ SMOP8 测试集的解集质量很低, 算法的收敛性和多样性很差. 而 SNSGA-II 在求解 SMOP 测试集时, 决策变量维数的改变, 不影响算法的性能, 且在 SMOP1 ∼ SMOP2、SMOP4 ∼ SMOP5、SMOP7 ∼ SMOP8 测试集上的 HV 平均值大于其他算法, 因此, SNSGA-II 较其他算法具有更好的收敛性与稳定性.

表 5.4 CMOPSO, MOEA/D-DRA, LMOCSO, COSB-NSGA-II, ANSGA-III, WOF-NSGA-II 和 SNSGA-II 分别在 SMOP1 ～ SMOP8 测试集上获得的 HV 平均值

Problem	D	CMOPSO	MOEA/D-DRA	LMOCSO	COSB-NSGA-II	ANSGA-III	WOF-NSGA-II	SNSGA-II
SMOP1	500	4.1813e-2	3.0130e-2	1.2065e-2	9.5156e-2	8.1138e-2	5.5701e-1	**5.6861e-1**
	1000	2.4653e-3	1.5527e-2	6.9759e-3	6.1614e-3	2.7744e-3	5.6007e-1	**5.6869e-1**
	10000	0.0000e+0	1.2659e-2	0.0000e+0	0.0000e+0	0.0000e+0	5.5073e-1	**5.6838e-1**
SMOP2	500	0.0000e+0	0.0000e+0	0.0000e+0	0.0000e+0	0.0000e+0	5.4170e-1	**5.5880e-1**
	1000	0.0000e+0	0.0000e+0	0.0000e+0	0.0000e+0	0.0000e+0	5.4529e-1	**5.5800e-1**
	10000	0.0000e+0	0.0000e+0	0.0000e+0	0.0000e+0	0.0000e+0	5.3259e-1	**5.5800e-1**
SMOP3	500	0.0000e+0	0.0000e+0	0.0000e+0	0.0000e+0	0.0000e+0	**1.6526e-5**	0.0000e+0
	1000	0.0000e+0	0.0000e+0	0.0000e+0	0.0000e+0	0.0000e+0	**2.5429e-4**	0.0000e+0
	10000	0.0000e+0	0.0000e+0	0.0000e+0	0.0000e+0	0.0000e+0	**1.0390e-4**	0.0000e+0
SMOP4	500	0.0000e+0	2.4591e-3	0.0000e+0	5.9633e-2	1.0720e-1	8.0193e-1	**8.1631e-1**
	1000	0.0000e+0	0.0000e+0	0.0000e+0	2.6712e-3	3.6208e-3	8.0434e-1	**8.1661e-1**
	10000	0.0000e+0	0.0000e+0	0.0000e+0	0.0000e+0	0.0000e+0	8.0633e-1	**8.1694e-1**
SMOP5	500	2.7592e-1	2.9173e-1	2.9246e-1	8.9355e-2	2.5272e-1	3.7211e-1	**3.8451e-1**
	1000	2.5324e-1	2.8725e-1	2.8676e-1	6.2439e-2	1.7786e-1	3.6916e-1	**3.8401e-1**
	10000	2.1485e-1	2.8246e-1	2.8174e-1	1.9069e-3	8.5650e-3	3.6529e-1	**3.8395e-1**
SMOP6	500	5.8704e-1	5.7557e-1	5.8083e-1	5.6440e-1	6.2039e-1	**6.6155e-1**	3.9301e-1
	1000	5.3707e-1	5.7090e-1	5.6910e-1	2.7347e-1	5.4429e-1	**6.5313e-1**	3.7274e-1
	10000	4.7039e-1	5.6475e-1	5.5679e-1	5.5153e-2	3.4304e-1	**6.5956e-1**	3.5391e-1
SMOP7	500	0.0000e+0	0.0000e+0	0.0000e+0	0.0000e+0	0.0000e+0	2.7460e-1	**3.1686e-1**
	1000	0.0000e+0	0.0000e+0	0.0000e+0	0.0000e+0	0.0000e+0	2.7368e-1	**3.1526e-1**
	10000	0.0000e+0	0.0000e+0	0.0000e+0	0.0000e+0	0.0000e+0	2.8318e-1	**3.1460e-1**
SMOP8	500	0.0000e+0	0.0000e+0	0.0000e+0	0.0000e+0	0.0000e+0	2.3465e-1	**2.7790e-1**
	1000	0.0000e+0	0.0000e+0	0.0000e+0	0.0000e+0	0.0000e+0	2.2960e-1	**2.7650e-1**
	10000	0.0000e+0	0.0000e+0	0.0000e+0	0.0000e+0	0.0000e+0	2.3124e-1	**2.7506e-1**

同时, 可以进一步观察到 SMOP1 ～ SMOP8 对于现有的 MOEAs 是具有挑战性的, 如图 5.2 所示的七种算法分别求解具有 500 个决策变量的 SMOP1 ～ SMOP8 的近似 PF. 除了 WOF-NSGA-II, 其他 MOEAs 都无法收敛到测试集的 PF, 而 SNSGA-II 在大多数测试集上具有良好的收敛性并优于其他比较算法.

如前所述, SNSGA-II 和 WOF-NSGA-II 在部分测试集上都能收敛到 PF. 因此, 本章为了进一步比较 SNSGA-II 与 WOF-NSGA-II 的有效性, 如图 5.3 所示, 绘制了七种算法分别在具有 500, 1000 和 10000 个决策变量的测试函数 SMOP1 ～ SMOP8 上所消耗的平均时间. 如图 5.3 所示, 本章所提出的 SNSGA-II 所消耗的时间更少, 算法效率更高. 特别是当决策变量为 10000 时, SNSGA-II 的运行时间约为 WOF-NSGA-II 的 1/10.

总之, 与现有的 MOEAs 相比, SNSGA-II 在解决 LSMOPs 时收敛性更好、求解效率更高, 能够更有效地解决具有稀疏最优解的 LSMOPs. 因此, 本章对 NSGA-II 进化过程中的 SBX 操作进行改进是有效的, 提高了算法在求解 LSMOPs 时的效率, 以及大大提高了 NSGA-II 的收敛性.

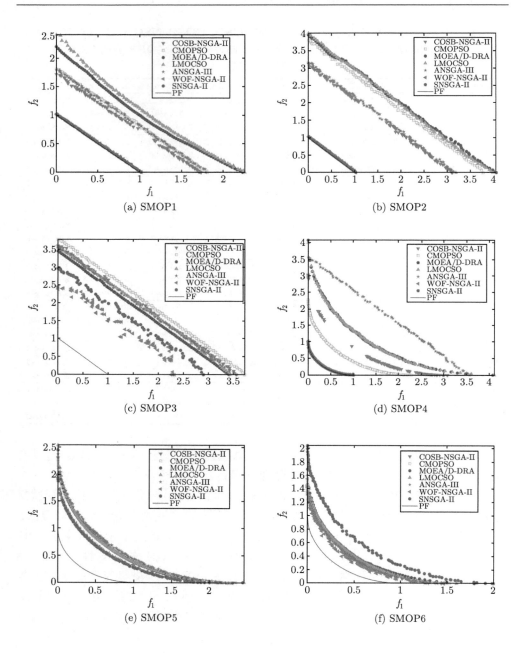

(a) SMOP1　　　　　　　　　　　　　　　　(b) SMOP2

(c) SMOP3　　　　　　　　　　　　　　　　(d) SMOP4

(e) SMOP5　　　　　　　　　　　　　　　　(f) SMOP6

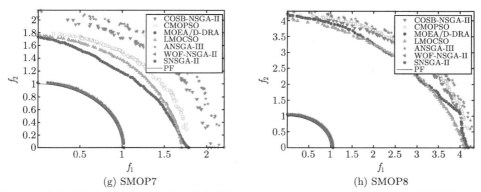

(g) SMOP7 (h) SMOP8

图 5.2 七种算法求解具有 500 个决策变量的 SMOP1 ~ SMOP8 的近似 PF (扫描封底二维码查看彩图)

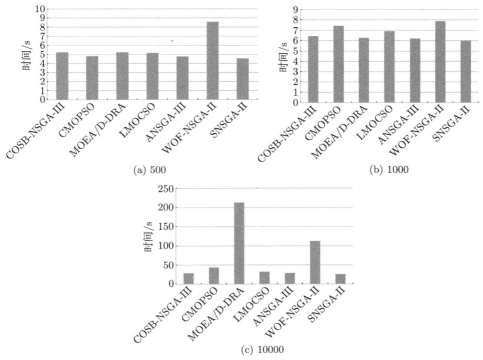

(a) 500 (b) 1000

(c) 10000

图 5.3 七种算法分别在具有 500, 1000 和 10000 个决策变量的测试函数 SMOP1 ~ SMOP8 上消耗的平均时间

2. 基于 SNSGA-II 求解 Stackelberg 模型

本节考虑 Sinha 等提出的政府和矿业之间的 Stackelberg 模型[191]. 在环境经济学领域中由于监管机构 (政府) 的目标是通过税收获得收益, 并监管矿业公司造

成的环境损害. 矿业公司根据政府的决策做出理性反应, 以实现自身利润的最大化. 因此该问题是一个多目标 Stackelberg 博弈, 在该博弈上, 政府是领导者, 矿业公司是跟随者. 该模型中, 领导者有两个目标, 第一个目标是通过征税使得收入最大化, 第二个目标是通过污染最小化来保护环境; 追随者有一个目标, 即在政府设定的限制条件下实现利润最大化. 由于该博弈的主从结构, 只有当领导者的解也是跟随者的最优解时, 领导者的解才可能可行.

　　显然, 对于领导者来说, 这两个目标之间存在平衡, 政府作为决策者需要选择一种合适的均衡解. 政府意识到, 矿业公司的唯一目标是在政府设定的限制条件下实现利润最大化. 在这种情况下, 政府希望有一个税制结构, 这样除了能够限制矿业公司对环境造成巨大污染外, 还能够最大限度地增加自身收入. 由于领导者有两个目标, 该问题的解会形成一个 Pareto 最优前沿.

　　根据政府试图通过对矿山征税和尽可能多地征收税收来最大限度地提高整体福利, 同时尽量减少矿山产生的污染这两目标, 多目标双层优化问题模型如下:

$$\max_{x,y} F(x,y) = (f_1 - f_2)$$

$$y \in \underset{y}{\operatorname{argmax}} \left\{ \begin{array}{l} g(y) = p(y)y - c(y) - f_1 \\ g(y) \geqslant 0 \end{array} \right\},$$

$$x \geqslant 0, \ y \geqslant 0,$$

其中, f_1 为税收, $f_1 = xy$; f_2 为矿山对环境造成的破坏, $f_2 = ky$; y 为矿山从矿石中提取的金属量; x 为政府对矿山征收的单位税; k 为矿山开采矿石对环境的污染系数; $g(y)$ 为矿山的利润; $p(y)$ 为黄金的价格函数; $c(y)$ 为矿石开采的成本.

　　由于矿山可以同时开采大量矿石和黄金, 这可能会对黄金价格产生轻微影响. 因此, 设价格函数是斜率很小的线性函数, 开采成本是二次方的, 因为开采地下更深的矿石往往变得越来越昂贵, 上式重新表述为

$$\max_{x,y} F(x,y) = (xy - ky)$$

$$y \in \underset{y}{\operatorname{argmax}} \left\{ \begin{array}{l} g(y) = (\alpha - \beta y)y - (\delta y^2 + \gamma y + \phi) - xy \\ g(y) \geqslant 0 \end{array} \right\},$$

$$x \geqslant 0, \ y \geqslant 0,$$

其中, $\alpha, \beta, \delta, \gamma, \phi$ 为常数, ϕ 表示设置操作的固定成本, 令 $\alpha = 100$, $\beta = 1$, $\delta = 1$, $\gamma = 1$, $\phi = 0$, 通过应用一阶导数方法对跟随者的利润函数进行求导, 可以找到一

个点, 使得跟随者的利润最大化, 化简得到提取量关于税收变量 x 的最佳表达式:

$$y = y(x) = \frac{\alpha - \gamma - x}{2(\beta + \delta)}.$$

针对政府的目标函数, 使用加权和方法, 将其多目标函数转化成单目标函数, 即用 $(w, 1 - w)$ 表示每个目标的权重; 应用到政府的目标函数中得到以下结果:

$$F(x, w) = (wx + wk - k)\frac{\alpha - \gamma - x}{2(\beta + \delta)},$$

继续进行一阶求导, 且设置为 0, 求解得到关于政府偏好参数 w 的最优税率 $x^*(w)$:

$$x^*(w) = \frac{\alpha - \gamma - k}{2} + \frac{k}{2w},$$

同理, 根据模型的参数, 得到关于政府偏好权重的矿山最佳开采量 $y^*(w)$:

$$y^*(w) = \frac{w(\alpha - \gamma) - (1 - w)k}{4w(\beta + \delta)}.$$

如果政府掌握有关矿山成本的信息, 则可以根据其对税收和环境保护的偏好来影响矿山的开采率. 通过改变政府的偏好权重, 可以为多目标双层问题生成整个 Pareto 最优边界. 本实例设置污染系数 $k = 2$, 分别采用 SNSGA-II 和 NSGA-II 算法求解分析模型, 如图 5.4 和图 5.5 所示.

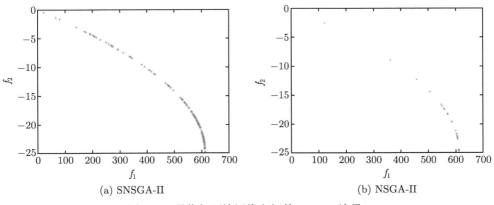

(a) SNSGA-II   (b) NSGA-II

图 5.4   税收与环境污染之间的 Pareto 边界

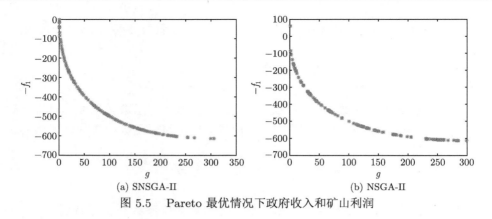

图 5.5　Pareto 最优情况下政府收入和矿山利润

5.4　改进差分进化算法求解多目标博弈 Pareto-Nash 平衡

5.4.1　ADEP 算法求解单目标博弈的 Pareto-Nash 平衡

设一个三元组 $\Gamma_2 = \ <\mathcal{N}, (X_i, f_i)_{i \in \mathcal{N}} >$ 表示单目标下的 N 人非合作博弈, 其中 $\mathcal{N} = \{1, \cdots, N\}$ 是局中人的集合, X_i 是局中人 i 的策略集, f_i 是局中人 i 的支付函数. 如果存在 $x^* = (x_1^*, \cdots, x_N^*) \in X$ 是该博弈的 Nash 平衡点, 则一定满足 $f_i(x^*) = \max\limits_{y_i \in X_i} f_i(y_i|x^*)$, $\forall i \in \mathcal{N}$. 下面利用 Ky Fan 函数给出博弈问题与优化问题的等价性定理, 由定义 5.2 可得

$$\psi(x^*, y) \leqslant 0 \Longleftrightarrow \max_{y \in X} \psi(x^*, y) = 0,$$

$$\psi(x^*, x^*) = 0,$$

其中 $y \in X$ 是一个可行策略, $x^* \in X$ 是一个 Nash 平衡点, 那么 Nash 平衡点与优化问题解的关系可由下面定理给出.

定理 5.1[192]　一个可行策略 $x^* \in X$ 是博弈 Γ_2 的一个 Nash 平衡点当且仅当 x^* 是下列优化问题的最优解, 并且最优值是 0:

$$\begin{cases} \min\ f(x) = \sum_{i=1}^{n} \max_{1 \leqslant k_i \leqslant m_i} \{\psi(x, y), 0\} \\ \qquad\quad = \sum_{i=1}^{n} \max_{1 \leqslant k_i \leqslant m_i} \{f_i(y_i|x) - f_i(x), 0\} \\ \sum_{k_i=1}^{m_i} x_{ik_i} = 1, \\ 0 \leqslant x_{ik_i} \leqslant 1, \\ i = 1, \cdots, N; k_i = 1, \cdots, m_i. \end{cases} \quad (5.8)$$

根据定理 5.1, 双矩阵博弈的 Nash 平衡点 (x_1^*, x_2^*) 等价于下列优化问题的解:

$$
\begin{cases}
\min \ f(x) = \max\{\max\limits_{1 \leqslant k \leqslant m_1} \{A_{i.}x_2^{\mathrm{T}} - x_1 A x_2^{\mathrm{T}}, 0\}\} + \max\{\max\limits_{1 \leqslant j \leqslant m_2} \{x_1 B_{.j} - x_1 B x_2^{\mathrm{T}}, 0\}\} \\
\sum\limits_{k_1=1}^{m_1} x_{1k_1} = 1, \\
\sum\limits_{k_2=1}^{m_2} x_{2k_2} = 1, \\
0 \leqslant x_{ik_i} \leqslant 1; \ i = 1, 2,
\end{cases}
\tag{5.9}
$$

这里 A 和 B 分别表示局中人 1 和局中人 2 的支付矩阵, $A_{i.}$ 是矩阵 A 的第 i 行, $B_{.j}$ 是矩阵 B 的第 j 列.

为了更加高效地求解单目标博弈, 下面提出了一种改进的差分进化算法, 即自适应差分粒子群优化 (adaptive differential evolution particle swarm optimization, 简记为 ADEP) 算法.

1. 自适应差分粒子群优化算法设计

在第 1 章我们已经了解 DE 算法主要由三个基本操作组成, 即变异操作、交叉操作和选择操作. 其主要操作过程如下:

(1) 变异操作

$$
v_i^t = x_{r1}^t + F \cdot (x_{r2}^t - x_{r3}^t); \tag{5.10}
$$

(2) 交叉操作

$$
u_{ij}^t = \begin{cases} v_{ij}^t, & rand(j) \leqslant CR \text{ 或 } (j = rnbr(i)), \\ x_{ij}, & \text{其他}; \end{cases} \tag{5.11}
$$

(3) 选择操作

$$
x_i^{t+1} = \begin{cases} u_i^t, & f(u_i^t) < f(x_i^t), \\ x_i^t, & \text{其他}. \end{cases} \tag{5.12}
$$

并且它的伪代码如下所示.

算法 1 DE

输入: 参数 $N, D, T, F, CR, x_{max}, x_{min}, \varepsilon$

输出: 最优向量 (解) Δ

1: $t \leftarrow 0$ (初始化种群)

2: **for** $i = 0$ to N **do**
3:　　**for** $j = 0$ to D **do**
4:　　　　$x_{ij}^t = rand[0,1] \cdot (x_{max}^j - x_{min}^j) + x_{min}^j$
5:　　**end for**
6: **end for**
7: **while** $|f(\Delta)| \geqslant \varepsilon$ or $t \leqslant T$ **do**
8:　　**for** $i = 1$ to N **do**
9:　　　　(变异和交叉操作)
10:　　　　**for** $j = 1$ to D **do**
11:　　　　　　$v_{ij}^t = Mutation\ (x_{ij}^t)$　（公式（5.10））
12:　　　　　　$u_{ij}^t = Crossover\ (v_{ij}^t, x_{ij}^t)$　（公式（5.11））
13:　　　　**end for**
14:　　　　(选择操作)
15:　　　　**if** $f(u_{ij}^t) < f(x_{ij}^t)$ **then**
16:　　　　　　$x_{ij}^t \leftarrow u_{ij}^t$　（公式（5.12））
17:　　　　**else**
18:　　　　　　$\Delta \leftarrow x_{ij}^t$
19:　　　　**end if**
20:　　**end for**
21:　　$t = t + 1$
22: **end while**
23: **返回**

2. 自适应差分参数

虽然 DE 算法在优化问题中得到了广泛的应用, 但随着求解问题复杂性的增加, DE 算法也存在一些缺点, 如收敛速度慢、精度低、稳定性差. 因此, 为了更好地解决博弈问题, 学者们对 DE 算法进行了改进.

由于 DE 算法主要通过差分变异算子进行遗传操作, 所以算法的性能主要取决于变异和交叉操作的设计以及相关参数的选取. 许多学者已经验证了变异因子 F 和交叉算子 CR 直接影响 DE 算法的搜索能力和求解效率[193,194]. 为了使算法具有更好的全局搜索能力和收敛速度, 采用自适应变异因子和交叉算子:

$$\begin{cases} \lambda = e^{1 - \frac{T}{T+1-t}}, \\ F = F_0 \cdot 2^\lambda, \\ CR = CR_0 \cdot 2^\lambda, \end{cases}$$

式中, t 是当前迭代数, T 是该算法的最大迭代数, F_0 和 CR_0 分别是初始变异因子和初始交叉算子. 在算法开始时自适应变异因子为 $2F_0$, 具有较大值, 使得算法在初期保持个体的多样性, 避免陷入早熟. 随着算法的进展, 变异因子逐渐降低,到后期变异因子接近 F_0, 以此保持种群的优良性, 避免破坏最优解, 增加搜索到全局最优解的概率. 同样, 自适应交叉算子也有助于算法在搜索过程中保持种群的多样性.

除了对参数进行自适应改进外, 对于 DE 算法的其他操作的改进也是提高 DE 算法性能的关键. 下面引用 PSO 算法的操作过程对 DE 算法进行改进.

3. 引用改进的粒子群算法

为了克服 DE 算法收敛速度慢, 容易出现搜索停滞的缺点. 利用更具全局搜索能力的 PSO 算法对其进行改进. PSO 算法里的一个种群是由个体即粒子构成的, PSO 算法主要包括两个操作, 速度更新和位置更新:

$$v_{ij}^{t+1} = \omega v_{ij}^t + c_1 r_1 (x_{pbest}^t - x_{ij}^t) + c_2 r_2 (x_{gbest}^t - x_{ij}^t),$$

$$x_{ij}^{t+1} = x_{ij}^t + v_{ij}^t,$$

$$i = 1, \cdots, N; \ j = 1, \cdots, D,$$

其中速度更新可以进一步解释如下: ωv_{ij}^t, 其中 $\omega = \omega_{max} - \dfrac{(\omega_{max} - \omega_{min}) \cdot t}{T}$, 称为粒子的当前状态, 具有平衡全局和局部搜索的能力. $c_1 r_1 (x_{pbest}^t - x_{ij}^t)$ 是粒子的认知形式, 它代表了粒子从自身学习的能力, 因此, 粒子具有局部搜索功能. $c_2 r_2 (x_{gbest}^t - x_{ij}^t)$ 表示粒子的社会认知形式和粒子间的信息共享, 即从整个种群中学习的能力, 赋予粒子强大的全局搜索能力. 然后, 粒子再通过位置更新到达新位置. 除了上述标准的 PSO 操作外, 一个简化的位置更新公式, 即不含速度项的位置更新公式如下[195]:

$$x_{ij}^{t+1} = \omega x_{ij}^t + c_1 r_1 (x_{pbest}^t - x_{ij}^t) + c_2 r_2 (x_{gbest}^t - x_{ij}^t). \tag{5.13}$$

我们用简化了的 PSO 算法的位置更新操作作为 DE 算法中的一个操作过程, 来增加 DE 算法的全局收敛性. ADEP 算法的操作流程和伪代码如下:

步骤 1 设置 ADEP 算法的参数, N, D, CR_0, F_0, ω_{min}, ω_{max}, x_{max}, x_{min}, c_1, c_2, T, ε;

步骤 2 随机生成 N 个初始个体组成初始种群 $P(0)$, 并且初值个体满足

$$\sum_{k_i=1}^{m_i} x_{ik_i} = 1, \ x_{ik_i} \geqslant 0, \quad i = 1, \cdots, N; \ k_i = 1, \cdots, m_i;$$

步骤 3 计算群体 $P(t)$ 每个个体的适应度函数值 $f(x)$, 并确定个体最优 x_{pbest}^t 和群体最优 x_{gbest}^t;

步骤 4　新一代群体 $P(t+1)$ 由简化的粒子群位置更新操作 (5.13)、变异操作 (5.10)、交叉操作 (5.11) 和选择操作 (5.12) 生成, 并计算种群 $P(t+1)$ 的适应度函数值;

步骤 5　根据计算精度和最大迭代数判断该算法是否终止, 如果满足终止条件, 则输出当前解作为最优解, 否则转到步骤 3.

ADEP 算法的伪代码如下:

算法 2　ADEP

输入: 参数 N, D, CR_0, F_0, T, ω_{min}, ω_{max}, x_{min}, x_{max}, c_1, c_2, ε

输出: 最优向量 (解) Δ

1: $t \leftarrow 1$　　　(初始化种群)
2: **for** $i = 0$ to N **do**
3:　　**for** $j = 0$ to D **do**
4:　　　　$x_{ij}^t = rand[0,1] \cdot (x_{max}^j - x_{min}^j) + x_{min}^j$
5:　　**end for**
6: **end for**
7: **while** $|f(\Delta)| \geqslant \varepsilon$ or $t \leqslant T$ **do**
8:　　**for** $i = 0$ to N **do**
9:　　　　(更新 x_p^t, x_g^t)
10:　　　　**for** $j = 0$ to D **do**
11:　　　　　　$x_p^t = x_{pbest}^t$
12:　　　　　　$x_g^t = x_{gbest}^t$
13:　　　　**end for**
14:　　　　**for** $j = 0$ to D **do**
15:　　　　　　(PSO 策略)
16:　　　　　　$x_{ij}^t = PSO\,(x_p^t, x_g^t, x_{ij}^t)$　(公式 (5.13))
17:　　　　　　(变异和交叉操作)
18:　　　　　　$v_{ij}^t = Mutation\,(x_{ij}^t)$　(公式 (5.10))
19:　　　　　　$u_{ij}^t = Crossover\,(v_{ij}^t, x_{ij}^t)$　(公式 (5.11))
20:　　　　**end for**
21:　　　　(选择操作)
22:　　　　**if** $f(u_{ij}^t) < f(x_{ij}^t)$ **then**
23:　　　　　　$x_{ij}^t \leftarrow u_{ij}^t$　(公式 (5.12))
24:　　　　**else**$[f(x_{ij}^t) < f(\Delta)]$
25:　　　　　　$\Delta \leftarrow x_{ij}^t$
26:　　　　**end if**
27:　　**end for**
28:　　$t = t + 1$
29: **end while**
30: **返回**

4. 实值实验结果

分别以经典的猜谜博弈 (例 2.3)、监察博弈 (例 2.4)、三维博弈 (例 2.6) 和十维博弈 (例 5.1) 作为数值算例, 用本章给出的 ADEP 算法进行求解, 并与文献中的结果进行比较. 其中该算法的参数设置为 $N = 50$, $T = 80$, $CR_0 = 0.1$, $F_0 = 0.4$, $\omega_{min} = 0.4$, $\omega_{max} = 0.8$, $c_1 = 1.5$, $c_2 = 1.5$, $\varepsilon = 10^{-8}$, 其中在例 2.5 中, 为了与文献比较方便, 精度设为 $\varepsilon = 10^{-5}$. 例 2.6 博弈的支付矩阵是 10 阶的高维方阵, 种群规模和最大迭代数分别设置为 $N = 100$, $T = 400$.

例 5.1 设十维博弈为 $\langle X, Y, A, B \rangle$,

$$A = \begin{bmatrix} 1 & 0 & \cdots & 0 \\ 0 & 1 & \cdots & 0 \\ \vdots & \vdots & \ddots & \vdots \\ 0 & 0 & \cdots & 1 \end{bmatrix}, \quad B = \begin{bmatrix} 0 & 1 & \cdots & 0 \\ \vdots & \vdots & \ddots & \vdots \\ 0 & 0 & \cdots & 1 \\ 1 & 0 & \cdots & 0 \end{bmatrix}.$$

下面利用 ADEP 算法分别求解上述四个实例, 首先根据公式 (5.9) 和例 2.3 中的支付矩阵将该博弈等价于下列优化问题:

$$\min f(x) = \max(a_{11} - a_1, a_{12} - a_1, 0) + \max(b_{11} - b_1, b_{12} - b_1, 0),$$

$$\begin{cases} x_{11} + x_{12} = 1, \\ x_{21} + x_{22} = 1, \\ 0 \leqslant x_{11}, x_{12}, x_{21}, x_{22} \leqslant 1, \end{cases}$$

其中,

$$a_1 = x_{11} \cdot x_{21} - x_{12} \cdot x_{21} - x_{11} \cdot x_{22} + x_{12} \cdot x_{22},$$
$$a_{11} = x_{21} - x_{22},$$
$$a_{12} = -x_{21} + x_{22},$$
$$b_1 = -x_{11} \cdot x_{21} + x_{12} \cdot x_{21} + x_{11} \cdot x_{22} - x_{12} \cdot x_{22},$$
$$b_{11} = -x_{11} + x_{12},$$
$$b_{12} = x_{11} - x_{12}.$$

表 5.5 是例 2.3 通过 ADEP 算法的计算结果.

通过表 5.5 结果可以发现, 经过 5 次仿真计算, 平均迭代计算了 16 次, 并且适应度值的精度达到 10^{-8}, 与文献 [97] 比较发现, 虽然本章 ADEP 算法平均迭代次数增加了, 但该算法在最后计算结果上可以求得精确解, 并且精度提高了 7 倍.

下面根据例 2.5 的求解过程分别列出了例 2.4 和例 2.6 的计算结果 (表 5.5 和表 5.7), 并以例 5.1 为例给出了 ADEP 算法与 DE 算法和 PSO 算法的求解对比图, 如图 5.6 所示.

表 5.5　　例 2.3 博弈的计算结果

CN^1	IN^2	P_1M^3	P_2M^4	FFV^5
1	16	(0.5000,0.5000)	(0.5000,0.5000)	9.2991e-008
2	17	(0.5000,0.5000)	(0.5000,0.5000)	2.4738e-008
3	17	(0.5000,0.5000)	(0.5000,0.5000)	1.4843e-008
4	16	(0.5000,0.5000)	(0.5000,0.5000)	4.8950e-008
5	14	(0.5000,0.5000)	(0.5000,0.5000)	6.0434e-008

1 计算次数 (number of calculation, CN);
2 迭代次数 (number of iteration, IN);
3 局中人 1 混合策略 (the mixed strategy of player 1, 简记为 P_1M);
4 局中人 2 混合策略 (the mixed strategy of player 2, 简记为 P_2M);
5 适应度函数值 (fitness function value, FFV).

表 5.6　　例 2.4　博弈的计算结果

CN	IN	P_1M	P_2M	FFV
1	16	(0.5000,0.5000)	(0.5000,0.5000)	9.2991e-008
2	17	(0.5000,0.5000)	(0.5000,0.5000)	2.4738e-008
3	17	(0.5000,0.5000)	(0.5000,0.5000)	1.4843e-008
4	16	(0.5000,0.5000)	(0.5000,0.5000)	4.8950e-008
5	14	(0.5000,0.5000)	(0.5000,0.5000)	6.0434e-008

表 5.7　　例 2.6　博弈的计算结果

CN	IN	P_1M	P_2M	FFV
1	32	(0.3333,0.3333,0.3333)	(0.3333,0.3333,0.3333)	5.7443e-008
2	29	(0.3333,0.3333,0.3333)	(0.3333,0.3333,0.3333)	7.7799e-008
3	32	(0.3333,0.3333,0.3333)	(0.3333,0.3333,0.3333)	9.2036e-008
4	30	(0.3333,0.3333,0.3333)	(0.3333,0.3333,0.3333)	9.6262e-008
5	31	(0.3333,0.3333,0.3333)	(0.3333,0.3333,0.3333)	9.5416e-008

一方面, 通过表 5.6 和表 5.7 的实验结果可知, 本章的 ADEP 算法在求解例 2.4 时, 经过 5 次仿真, 平均迭代 11.2 次, 适应度值的精度达到 10^{-5}, 而文献 [98] 用烟花算法平均迭代了 12.8 次, 并且适应度值的精度是 10^{-3}. 因此该算例在计算精度和收敛速度上都优于文献 [98] 中的计算方法. 在例 2.6 中, 本章算法平均迭代 30.8 次, 求得精确的 Nash 平衡解, 并且适应度值的精度是 10^{-8}, 而文献 [98] 用烟花算法平均迭代 145 次, 虽然精度达到 10^{-10}, 但并未求得精确的 Nash 平衡解. 另一方面, 在计算十维博弈算例时, 虽然本章的 ADEP 算法与 DE 算法和 PSO 算法均计算出了该博弈的 Nash 平衡, 即 $x^* = y^* = (0.1, \cdots, 0.1)_{1 \times 10}$. 但计算过程中的收敛速度有明显差别, 从图 5.6 可以明显地发现 DE 算法和 PSO 算法在计

算过程中出现了局部最优和 "早熟" 现象, 而本研究所提 ADEP 算法不仅收敛最快而且避免了该缺陷. 其原因是算法中引入的 PSO 操作和自适应改进 DE 算法的参数对算法在收敛速度和避免局部最优方面发挥了积极的作用. 该结果与文献 [98] 相比, ADEP 算法不仅在计算速度方面有了巨大提高, 适应度函数值的精确度也有所改进. 为以后研究高维博弈问题提供了参考.

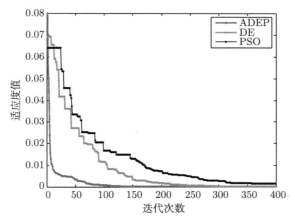

图 5.6   十维博弈的对比图 (扫描封底二维码查看彩图)

5.4.2   改进差分进化算法求解多目标多冲突博弈的 Pareto-Nash 平衡

假设红、蓝两军在 A 岛和 B 岛发生冲突, 在攻击时间和毁伤效能双重目标下, 红军在两岛上的策略是不进攻和进攻, 蓝军的策略是撤退和防御. 双方在两个岛屿上的战略目的不同, 因此同一目标下的偏好程度也不同. 另外, 由于军事装备的限制, 假设红军不能同时选择进攻两岛屿, 蓝军也不能同时选择防御两岛屿. 这样, A 岛上红、蓝双方可用的策略集分别是 $\{\alpha_1^A, \alpha_2^A\} = \{$不进攻,进攻$\}$, $\{\beta_1^A, \beta_2^A\} = \{$撤退,防御$\}$. 在 B 岛上, 红、蓝双方可用策略为 $\{\alpha_1^B, \alpha_2^B\} = \{$不进攻,进攻$\}$, $\{\beta_1^B, \beta_2^B\} = \{$撤退,防御$\}$.

针对攻击时间 $(l = 1)$, 岛屿 A 和 B 上的红、蓝双方的支付矩阵分别为 (支付值按照 $-2, -1, 0, 1, 2$ 偏好顺序表示)

$$A_{11} = \begin{bmatrix} 1 & 0 \\ 2 & -2 \end{bmatrix}, \quad B_{11} = \begin{bmatrix} 1 & 2 \\ 0 & -1 \end{bmatrix},$$

$$A_{12} = \begin{bmatrix} 2 & -1 \\ 1 & 0 \end{bmatrix}, \quad B_{12} = \begin{bmatrix} 1 & 2 \\ -1 & 0 \end{bmatrix}.$$

针对毁伤效能 $(l = 2)$, 岛屿 A、B 上的红、蓝双方的支付矩阵分别为

$$A_{21} = \begin{bmatrix} 0 & -1 \\ 2 & 1 \end{bmatrix}, \quad B_{21} = \begin{bmatrix} 2 & 1 \\ -1 & 0 \end{bmatrix},$$

$$A_{22} = \begin{bmatrix} 1 & -1 \\ 2 & 0 \end{bmatrix}, \quad B_{22} = \begin{bmatrix} 2 & 0 \\ 1 & -1 \end{bmatrix}.$$

显然, 考虑到 A 和 B 两个岛屿的真实情况, 红、蓝双方的可行策略集为

$$S_1 = \{\alpha_1, \alpha_2, \alpha_3\} = \{(\alpha_1^A; \alpha_1^B), (\alpha_1^A; \alpha_2^B), (\alpha_2^A; \alpha_1^B)\},$$

$$S_2 = \{\beta_1, \beta_2, \beta_3\} = \{(\beta_1^A; \beta_1^B), (\beta_1^A; \beta_2^B), (\beta_2^A; \beta_1^B)\}.$$

利用公式 (5.1), 分别得到两个目标下红、蓝双方的集结支付矩阵:

$$R_1 = \begin{bmatrix} 3 & 0 & 2 \\ 2 & 1 & 1 \\ 4 & 1 & 0 \end{bmatrix}, \quad B_1 = \begin{bmatrix} 2 & 3 & 1 \\ 0 & 1 & 1 \\ 1 & 2 & 0 \end{bmatrix},$$

$$R_2 = \begin{bmatrix} 1 & -1 & 0 \\ 2 & 0 & 1 \\ 3 & 1 & 2 \end{bmatrix}, \quad B_2 = \begin{bmatrix} 4 & 2 & 3 \\ 3 & 1 & 2 \\ 1 & -1 & 2 \end{bmatrix}.$$

利用公式 (5.2)和 (5.3), 可以将上述集结支付矩阵转化为下列标准化矩阵:

$$E_1 = \begin{bmatrix} 0.25 & 1.00 & 0.50 \\ 0.50 & 0.75 & 0.75 \\ 0 & 0.75 & 1.00 \end{bmatrix}, \quad F_1 = \begin{bmatrix} 0.50 & 0.25 & 0.75 \\ 1.00 & 0.75 & 0.75 \\ 0.75 & 0.50 & 1.00 \end{bmatrix},$$

$$E_2 = \begin{bmatrix} 0.40 & 0 & 0.20 \\ 0.60 & 0.20 & 0.40 \\ 0.80 & 0.40 & 0.60 \end{bmatrix}, \quad F_2 = \begin{bmatrix} 1.00 & 0.60 & 0.80 \\ 0.80 & 0.40 & 0.60 \\ 0.40 & 0 & 0.60 \end{bmatrix}.$$

由公式 $(5.4) \sim (5.6)$, 第 $l(l = 1, 2)$ 目标的熵值为 $h^1 = 0.9581, h^2 = 0.9311$. 差异指数是 $g^1 = 0.0419, g^2 = 0.0689$. 权重为 $\omega^1 = 0.3779, \omega^2 = 0.6221$. 最后, 由公式 (5.7), 可以得到

$$E = \begin{bmatrix} 0.3433 & 0.3779 & 0.3134 \\ 0.5622 & 0.4078 & 0.5323 \\ 0.4977 & 0.5323 & 0.7512 \end{bmatrix}, \quad F = \begin{bmatrix} 0.8111 & 0.4677 & 0.7811 \\ 0.8756 & 0.5323 & 0.6567 \\ 0.5323 & 0.1889 & 0.7512 \end{bmatrix}.$$

使用公式 (5.9), 将上述问题转化为求解以下优化问题:

$$\min f(x) = \max(f_{11} - f_1, f_{12} - f_1, f_{13} - f_1, 0)$$
$$+ \max(f_{21} - f_2, f_{22} - f_2, f_{23} - f_2, 0)$$

$$\begin{cases} x_{11} + x_{12} + x_{13} = 1, \\ x_{21} + x_{22} + x_{23} = 1, \\ 0 \leqslant x_{11}, x_{12}, x_{13}, x_{21}, x_{22}, x_{23} \leqslant 1, \end{cases}$$

其中,

$$f_1 = (0.3433x_{11} + 0.5622x_{12} + 0.4977x_{13})x_{21} + (0.3779x_{11}$$
$$+ 0.4078x_{12} + 0.5323x_{13})x_{22} + (0.3134x_{11} + 0.5323x_{12} + 0.7512x_{13})x_{23},$$

$$f_{11} = 0.3433x_{21} + 0.3779x_{22} + 0.3134x_{23},$$

$$f_{12} = 0.5622x_{21} + 0.4078x_{22} + 0.5323x_{23},$$

$$f_{13} = 0.4977x_{21} + 0.5323x_{22} + 0.7512x_{23},$$

$$f_2 = (0.8111x_{11} + 0.8756x_{12} + 0.5323x_{13})x_{21} + (0.4677x_{11}$$
$$+ 0.5323x_{12} + 0.1889x_{13})x_{22} + (0.7811x_{11} + 0.6567x_{12} + 0.7512x_{13})x_{23},$$

$$f_{21} = 0.8111x_{11} + 0.8756x_{12} + 0.5323x_{13},$$

$$f_{22} = 0.4677x_{11} + 0.5323x_{12} + 0.1889x_{13},$$

$$f_{23} = 0.7811x_{11} + 0.6567x_{12} + 0.7512x_{13}.$$

下面利用 ADEP 算法计算上述优化问题. 其中种群规模和最大迭代数设置为 $N = 20, T = 30$. 计算结果如表 5.8 所示.

表 5.8 $\langle S_1, S_2, E, F \rangle$ 博弈的计算结果

平衡数	红方	蓝方	集结策略	可行策略串
Nash 平衡 1	(0 0 1)	(0 0 1)	(α_3, β_3)	$(\alpha_2^A; \alpha_1^B), (\beta_2^A; \beta_1^B)$
Nash 平衡 2	(0 1 0)	(1 0 0)	(α_2, β_1)	$(\alpha_1^A; \alpha_2^B), (\beta_1^A; \beta_1^B)$

从表 5.8 可以直观地看出, 当我们用 ADEP 算法计算这个多目标多冲突环境下的军事博弈时, 得到了两个 Nash 平衡. 一个是 (α_3, β_3), 另一个是 (α_2, β_1), 它们对应的可行策略选择是 $(\alpha_2^A; \alpha_1^B), (\beta_2^A; \beta_1^B)$ 和 $(\alpha_1^A; \alpha_2^B), (\beta_1^A; \beta_1^B)$. 其中可行策

略 $(\alpha_1^A; \alpha_2^B)$, $(\beta_1^A; \beta_1^B)$ 表示红方在 A 岛选择不进攻在 B 岛选择进攻, 蓝方在两岛屿上选择撤退. 鉴于蓝军不太可能在两个岛上同时撤退, 因此这一解不符合现实意义将被放弃. 另一个解 $(\alpha_2^A; \alpha_1^B)$, $(\beta_2^A; \beta_1^B)$ 表示红方在 A 岛选择进攻在 B 岛选择不进攻, 蓝方在 A 岛选择防御在 B 岛选择撤退. 这与真实的战斗情况是一致的, 所以这个博弈的最终结果是 (α_3, β_3).

虽然利用 ADEP 算法计算出了最终 Nash 平衡解, 但从图 5.7 可以看到, ADEP 算法在计算该算例时出现了局部最优和 "早熟" 现象, 因此为了避免该缺陷, 需要继续对上述 ADEP 算法进行改进. 由于 ADEP 算法是在 DE 算法的基础上进行了相应的参数改进和策略的改进, 下面考虑对 ADEP 算法的选择操作进行改进.

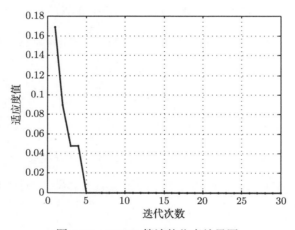

图 5.7　ADEP 算法的仿真结果图

1. 模拟退火的自适应差分粒子群算法设计

模拟退火的自适应差分粒子群 (adaptive differential evolution particle swarm optimization for simulated annealing, 简记为 ADEPSA) 算法设计如下:

关于 SA 已在第 1 章有所介绍, 我们知道 SA 不仅是一种统计方法, 还是一种全局优化算法. SA 是来源于固体退火冷却过程的模拟. 其主要特点是根据 Metropolis 准则以一定概率接受劣质解, 避免算法陷入局部最优和 "早熟" 现象. 在本章中, 由于 ADEP 算法的优胜劣汰选择机制, 使得算法的某些携带次优信息的粒子被淘汰, 为了使算法在迭代过程中保持种群多样性, 使种群中保留更多的较优粒子, 本章借鉴模拟退火算法的 Metropolis 准则, 对 ADEP 算法的选择操作进行了改进. 将公式 (1.12) 的内能 E 看作目标函数值, 将温度 M 作为参数, 则 Metropolis 准则变为

$$P_{i+1}^M = \begin{cases} 1, & f(x_{i+1}) \leqslant f(x_i), \\ e^{-\left(\frac{f(x_{i+1})-f(x_i)}{KM}\right)}, & \text{其他}, \end{cases} \tag{5.14}$$

式中, $f(x_i)$ 是 x_i 的函数值, M 是第 i 次迭代时的温度. 当 $f(x_{i+1}) \leqslant f(x_i)$, 则以 1 的概率选择 x_{i+1}, 否则, 我们以 P_{i+1}^M 的概率选择次解 x_i. 因此将 SA 应用到 ADEP 的选择操作中, 得到一种新的基于模拟退火的自适应差分粒子群 (ADEPSA) 算法, 以提高其全局优化能力. 下面给出 ADEPSA 算法的伪代码.

算法 3 ADEPSA

输入: 参数 $N, D, T, K, M, F_0, CR_0, x_{max}, x_{min}, \varepsilon$

输出: 最优向量 (解) Δ

1: $t \leftarrow 0$ (初始化种群)

2: **for** $i = 0$ to N **do**

3:     **for** $j = 0$ to D **do**

4:         $x_{ij}^t = rand[0,1] \cdot (x_{max}^j - x_{min}^j) + x_{min}^j$

5:     **end for**

6: **end for**

7: **while** $\mid f(\Delta) \mid \geqslant \varepsilon$ or $t \leqslant T$ **do**

8:     **for** $i = 1$ to N **do**

9:         **for** $j = 1$ to D **do**

10:             (PSO 策略)

11:             $x_{ij}^t = PSO\ (x_p^t, x_g^t, x_{ij}^t)$

12:             (变异和交叉操作)

13:             $v_{ij}^t = Mutation\ (x_{ij}^t)$ (公式 (5.10))

14:             $u_{ij}^t = Crossover\ (v_{ij}^t, x_{ij}^t)$ (公式 (5.11))

15:         **end for**

16:         (Metropolis 选择)

17:         **if** $f(u_{ij}^t) < f(x_{ij}^t)$ **then**

18:             $x_{ij}^t \leftarrow u_{ij}^t$ (公式 (5.12))

19:             Let $P_1 = e^{-\left(\frac{f(u_{ij}^t)-f(x_{ij}^t)}{KM}\right)}$

20:         **else** $P_1 > rand$

21:             $x_{ij}^t \leftarrow u_{ij}^t$ (公式 (5.14))

22:             **if**   **then** $f(x_{ij}^t) < f(\Delta)$

23:                 $\Delta \leftarrow x_{ij}^t$

24:             **end if**

25:         **end if**

26:     **end for**

27:     $M = K \cdot M; t = t + 1$

28: **end while**

29: 返回

2. 利用 ADEPSA 算法求解多目标多冲突博弈

下面利用 ADEPSA 算法通过 MATLAB 对该实例进行计算, 并且参数设置为 $N = 20, T = 30, D = 6, CR_0 = 0.1, F_0 = 0.4, K = 0.998, M = 100, \varepsilon = 10^{-8}$, 并且与 ADEP 算法进行对比如下:

通过图 5.8 可以看出, 新改进的 ADEPSA 算法避免了局部最优和 "早熟" 现象, 并且收敛速度比 ADEP 算法较快.

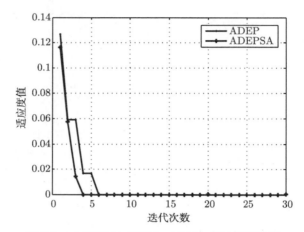

图 5.8　　ADEPSA 算法与 ADEP 算法的对比图

由于求解集结博弈的 Nash 平衡等价于求解优化问题的最优解, 由图 5.6 和图 5.7 可以看出, 本章所提出的 ADEP 算法在计算单目标博弈时比 DE 算法和 PSO 算法具有一定的优势, 然而在计算多目标多冲突环境下的博弈时依然出现了局部最优现象. 因此, 对于不同的实际博弈问题, 需要根据该博弈的特点设计适合该问题的算法进行求解, 基于 ADEP 算法的操作原理并结合 SA 具有以一定的概率接受劣质解的特点, 在 ADEP 算法的基础上对该算法的选择操作引入 Metropolis 规则, 得到 ADEPSA 算法. 通过对比 ADEPSA 算法与 ADEP 算法的仿真计算发现, ADEPSA 算法克服了 "早熟" 现象, 并且在求解速度方面也有所提高, 为今后研究更复杂的多目标博弈问题提供了参考.

5.5　本 章 小 结

在本章中, 一方面, 利用随机值和交叉分布指数对 NSGA-II 进化过程中的 SBX 操作进行改进, 得到了改进算法 SNSGA-II, 并通过数值实验表明了改进之后算法的有效性. 主要工作小结如下:

(1) 对 NSGA-II 的 SBX 操作进行了改进, 并将改进操作引入 NSGA-II 和其他的改进 NSGA-II (TS-NSGA-II, DCNSGA-III, NSGA-II-Conflict) 中, 通过对具有 500 个决策变量的 LSMOPs 进行求解得到的 IGD 和 HV 平均值比较, 表明了改进策略的有效性.

(2) 证明了 SNSGA-II 在求解 LSMOPs 上的有效性, 具体过程如下: 第一, 引入 LSMOPs 的测试集 SMOP1 ~ SMOP8 和 MOEAs 的综合评价指标 IGD、HV. 第二, 将 SNSGA-II 与其他六种 MOEAs 分别对具有 500, 1000, 10000 个决策变量的 SMOP1 ~ SMOP8 进行求解, 通过比较 IGD 和 HV 平均值分析 SNSGA-II 的收敛性与多样性. 第三, 分析七种算法在具有 500 个决策变量的 SMOP1 ~ SMOP8 上的近似 PF, 实验结果表明, SNSGA-II 和 WOF-NSGA-II 在大部分测试集上能够收敛到真实 PF. 为进一步比较改进算法的有效性, 通过比较七种算法分别在具有 500, 1000 和 10000 个决策变量的测试函数 SMOP1 ~ SMOP8 上所消耗的平均时间, 结果表明 SNSGA-II 的运行效率较高, 并在具有 10000 个决策变量的测试集上所消耗的平均时间是 WOF-NSGA-II 的 1/10. 因此, SNSGA-II 的收敛性和在时间效率方面比现有的 MOEAs 更有效地解决具有稀疏最优解的 LSMOPs. 数值实验表明, SNSGA-II 求解的不同 ZDT 函数的 PF 更接近理论 PF, 且 SNSGA-II 求解函数的解集分布更均匀. 最后, 为了说明 SNSGA-II 的实用性, 从文献 [176] 中引入了政府与矿业公司之间的 Stackelberg 博弈模型. 数值实验表明, 在求解该 Stackelberg 博弈模型时, SNSGA-II 算法能较好地收敛于实际 PF, 且具有较好的分布; 此外, 随着矿业公司的开采, 环境将进一步受到破坏, 政府的收入将增加.

另一方面, 本章利用改进的差分进化算法求解 Nash 平衡, 并且分别对单目标博弈及多目标多冲突博弈进行了求解. 首先, 利用求解 Nash 平衡的等价性定理, 即求解博弈的 Nash 平衡等价于求解一个优化问题, 提出了 ADEP 算法对单目标博弈的 Nash 平衡进行求解, 通过计算几个经典的博弈算例, 并与已有文献中的算法进行对比发现, ADEP 算法在收敛速度和计算精度方面均优于已有文献的算法. 其次, 对多目标多冲突环境下的博弈进行了研究, 根据多目标多冲突环境下的博弈的概念建立了多目标下的集结博弈模型, 然后利用熵权法将多目标集结博弈转化为单目标博弈. 并利用 ADEP 算法对其进行求解, 发现该算法在求解过程中出现了 "早熟" 现象, 为了克服这一缺点, 提出了一种新算法, 即 ADEPSA 算法. 该算法是利用 SA 算法的 Metropolis 准则在进化过程中通过接受劣质解达到增加算法在进化过程中的个体多样性的目的, 所以将 SA 算法引入 ADEP 算法的选择操作, 使其在进化过程中避免陷入局部最优. 最后, 通过计算多目标多冲突环境下的军事博弈并与 ADEP 算法进行对比发现, ADEPSA 算法避免了陷入局部最优, 并在收敛速度方面优于 ADEP 算法, 为今后相关问题的研究提供了参考.

第 6 章 随机博弈 Nash 平衡实现算法

6.1 引　　言

随机博弈是描述博弈论中一类由一个或多个局中人所进行的、具有状态转移概率的动态博弈, 由 Shapley 于 20 世纪 50 年代初期提出[30]. 随机博弈的提出, 为个体博弈交互方式以及博弈模型提供一个新的研究方向. 随机博弈描述的是一种包含两个及两个以上局中人的动态博弈过程, 博弈由多个状态组成, 局中人根据转移概率在不同状态之间进行切换. 该过程可以描述为, 首先局中人选取某种策略, 之后获得当前状态下选取该策略的回报. 随后博弈转移到下一个状态, 在这个随机状态下的概率分布取决于上一个状态和各个局中人的选择行为. 在新的状态中重复上一次的策略选取过程, 整个博弈过程持续进行有限或无限次. 其中局中人最终得到的总回报可用各博弈阶段的贴现和表示或用各博弈阶段平均回报来计算.

随机博弈作为一种重要的博弈形式, 是描述多智能体交互的核心数学模型, 为研究多智能体学习奠定了理论框架. 随机博弈中学习通常可表示为多智能体强化学习问题, 智能体在当前状态下同时选择行为并在下一状态获得回报[196]. 与随机博弈中求解 Nash 平衡的算法不同, 强化学习算法的目标是通过与环境交互来学习均衡的策略, 即智能体需要通过选择动作并观测所得到的回报, 来获得下一状态的转移函数和回报函数信息. 同时, 合理性与收敛性是随机博弈中局中人学习算法的两个理想特征, 当认为一个局中人具有合理性时, 这意味着如果其他局中人的策略收敛于固定策略, 则学习算法将会收敛于其他局中人的一个最佳回应策略. 因此, 博弈与学习结合的意义在于优势互补, 博弈论提供了易于处理的解概念来描述多智能体系统的学习结果, 强化学习在一定条件下提供了可收敛的学习算法, 可以在序列决策过程中达到稳定和理性的平衡.

局中人的目标是最小化累积后悔值, $\sum_{k=1}^{K}(V^*(s,a)-V^k(s,a))$, 表示在状态 s 采取动作 a 的值函数 V 与采取动作 a 的真实最优值 V^* 之间的差, 其中 K 表示终止时刻. 近年来, 博弈和后悔值学习相结合的算法开始涌现, Hart 和 Mas-Colell[197] 提出了最小化后悔值算法, 证明了在自适应过程中博弈的经验分布依概率 1 收敛于博弈的相关均衡集, 并在正则博弈中取得了不错的效果. Jin 等[198] 基于有限 MDP 模型, 证明了结合置信区间上界探索的 Q 学习算法能收敛到近似最优后悔边界. Cesa-Bianchi 和 Lugosi[199] 利用了极小化极大后悔值的概念去分析哪种类型的预测者对哪种具体的损失能获得最小化后悔值范围. 反事实无后悔值最小化算法利用无后悔学习这种性质在不完美信息博弈中进行均衡计算[200]. 正是基于记忆对博弈系统的影响, Hilbe 等[201] 首次结合随机博弈与演化动力学, 为博弈个体赋予记忆属性, 研究群体之间的合作行为. 当个体选择合作或者背叛行为时, 个体之间的相互合作使得彼此之间博弈更有价值, 任意一个个体的背叛都将出现相对较差的回报. 因此, 本章尝试设计一种最小化后悔值学习算法实现随机博弈 Nash 平衡, 并构建网格上的空间囚徒困境 (prisoner's dilemma, PD) 博弈来研究局中人合作行为涌现.

6.2 随机博弈模型

一般的随机博弈可被描述为一个元组 $\Gamma_3 = <\mathcal{N}, \mathcal{S}, (\mathcal{A}_i, r_i)_{i \in \mathcal{N}}, P, \gamma >$, 其中

- $\mathcal{N} = \{1, 2, \cdots, N\}$ 表示所有局中人构成的集合, N 表示所有局中人的个数.

- $\mathcal{S}$ 表示所有局中人所处 "系统" 或 "环境" 的状态集.

- $\mathcal{A}_i$ 表示局中人 i 的所有可能动作集合, $\mathcal{A} = \prod_{i=1}^{N} \mathcal{A}_i$ 表示所有局中人的动作集.

- $P : \mathcal{S} \times \mathcal{A} \to \triangle(\mathcal{S})$ 表示状态的转移概率分布函数, $\forall s \in \mathcal{S}$, $\forall a \in \mathcal{A}$, $\sum_{s' \in \mathcal{S}} P(s'|s, a) = 1$, 其中 $P(s'|s, a)$ 表示给定局中人当前状态 s 和动作 a 时转移到下一个状态 s' 的概率. $\triangle(\mathcal{S})$ 表示集合 $\mathcal{S}$ 上概率分布构成的空间. 在随机博弈进行的每一个阶段, 系统或者环境将处于状态集 $\mathcal{S}$ 中的某一个状态 s 上. 随后, 依赖于系统或者环境当前的状态 $s \in \mathcal{S}$, 每个局中人 i 的个体策略 $\pi_i : \mathcal{S} \to \triangle(\mathcal{A}_i)$ 被定义为给定状态 s 下局中人采取动作 a_i 的概率分布函数, 其中策略为 $\pi = (\pi_1, \cdots, \pi_N)$. $\triangle(\mathcal{A}_i)$ 表示在集合 $\mathcal{A}_i$ 上概率分布构成的空间. 策略包括了整个决策过程, 给定 π 也就给定了 $a = \pi(s)$, 即知道了策略 π 也就知道了任何一个状态下应该怎样采取动作.

- $\gamma \in (0, 1)$ 表示折扣系数. 当 $\gamma \to 0$ 时, 局中人是短视的, 意味着局中人更关心瞬时回报. 当 $\gamma \to 1$ 时, 局中人是有远见的, 意味着局中人更关心未来回报.

- $r_i : \mathcal{S} \times \mathcal{A} \to \mathbb{R}, \forall i \in \mathcal{N}, r_i(s'|s, a)$ 表示局中人 i 在状态 s 采取动作 a 转移到下一个状态 s' 时获得瞬时的回报值.

与 MDP 类似, 随机博弈也具有 Markov 特性, 即局中人的下一状态和回报仅取决于当前状态和所有局中人当前动作. 在现实生活中很多情况下并没有一个终

止时间, 可能会一直继续, 比如控制应用中的调节器. 在此情形下, 没有明确定义终止时间, $k = 0, 1, \cdots$, 通常会采用未来折扣期望回报. 此时, 从第 k 步开始, 局中人的折扣回报被定义为

$$r_i^k = r_i^{k+1} + \gamma r_i^{k+2} + \gamma^2 r_i^{k+3} + \cdots = \sum_{l=1}^{\infty} \gamma^{l-1} r_i^{k+l}.$$

为了区分不同 π 的好坏, 以及在某个状态下, 执行一个策略 π 后, 出现结果的好坏, 需要定义一个指标函数, 这个指标就是状态-值函数 (state-valued function), 也被称为折扣累积回报 (discounted cumulative reward), 则第 i 个局中人的折扣累积回报表示为

$$V_i^{\pi}(s) = \mathbb{E}[r(s_0, a_0) + \gamma r(s_1, a_1) + \cdots | s_0 = s, \pi_i], \tag{6.1}$$

式中 r 表示局中人 i 每一步的回报. 在当前状态 s 下, 选取策略后, 值函数被表示为回报加权和的期望. 给定 π_i 也就给定了一个局中人 i 未来的行动方案, 该方案会经过一个个的状态, 而到达每个状态都会产生一定的回报值, 距离越近的两个状态之间关联越大, 权重也就越高. 与下象棋类似, 在当前棋局 s 下, 不同的走子方案是 π_i, 评价每个方案则依靠对未来局势的判断.

由式 (6.1) 可知状态-值函数的定义为 $V_i^{\pi}(s)$, 其中 $V_i^{\pi}(s)$ 表示局中人 i 在状态 s 采用策略 π_i 获得的累积期望回报. 若 π_i 是智能体 i 的策略, 状态-值函数的表达式为

$$\begin{aligned}
V_i^{\pi}(s) &= \mathbb{E}_{\pi}[r_0 + \gamma r_1 + \cdots | s_0 = s, \pi_i] \\
&= \mathbb{E}_{\pi}[r_0 + \gamma \mathbb{E}[r_1 + \cdots]| s_0 = s, \pi_i] \\
&= \mathbb{E}_{\pi}[r(s'|s, \pi(s)) + \gamma V^{\pi}(s')| s_0 = s, \pi_i].
\end{aligned} \tag{6.2}$$

给定策略 $\pi = (\pi_1, \cdots, \pi_N)$ 和初始状态 s_0, 则动作为 $a = \pi(s)$, 下一个时刻将依概率 $P(s'|s, a)$ 转移到下一个状态 s', 式 (6.2) 的期望可表示为

$$V^{\pi}(s) = [V_1^{\pi}(s), \cdots, V_N^{\pi}(s)]^{\mathrm{T}} = \sum_{s' \in \mathcal{S}} P(s'|s, \pi(s))[r(s'|s, \pi(s)) + \gamma V^{\pi}(s')| s_0 = s, \pi], \tag{6.3}$$

在动态规划中, 式 (6.3) 被称为贝尔曼 (Bellman) 方程. 如果 $\pi^* = (\pi_1^*, \cdots, \pi_N^*)$ 表示最优策略, 对于最优状态-值函数 $V^*(s)$, 其更新公式如下:

$$V^*(s) = \max_{a \in \mathcal{A}}(r(s'|s, a) + \gamma \sum_{s' \in \mathcal{S}} P(s'|s, a)V^*(s')), \tag{6.4}$$

作为理性的局中人, 他们试图找到有利于所有状态的最佳回应策略. 式 (6.4) 的方程被称为 Bellman 最优方程. Bellman 方程的迭代过程是一个压缩映射, 根据 Banach 压缩映射定理, 完备度量空间上的每一个压缩映射必然存在这样一个不动点, 这也是可用迭代方法求解值函数的理论基础的原因. 设每 k 时刻值函数都会被更新一次, 为了方便计算, 式 (6.3) 可等价地写成如下迭代形式:

$$V^{k+1}(s) = \operatorname{diag}(Pr^{\mathrm{T}}) + \gamma P V^k(s), \tag{6.5}$$

其中 r^{T} 表示支付矩阵 r 的转置, $\operatorname{diag}(Pr^{\mathrm{T}})$ 表示由矩阵 Pr^{T} 的对角元素构成的列向量.

如果已知从下一状态开始的最大未来回报, 则只需在当前状态选择最佳动作. 最优值函数 $V^*(s)$ 与所有值函数相比能够产生最大回报的值函数, 同理最优策略是能够产生最优回报值的策略. 接下来, 给出随机博弈 Nash 均衡的定义.

定义 6.1 (随机博弈的 Nash 均衡) 设 $\Gamma_3 = < \mathcal{N}, \mathcal{S}, (\mathcal{A}_i, r_i)_{i \in \mathcal{N}}, P, \gamma >$ 是一个随机博弈, 若策略 $\pi^* = (\pi_1^*, \cdots, \pi_i^*, \cdots, \pi_N^*)^{\mathrm{T}}$ 是随机博弈的 Nash 均衡, 记 $\pi_{-i} = (\pi_1, \cdots, \pi_{i-1}, \pi_{i+1}, \cdots, \pi_N)^{\mathrm{T}}$, 则 $\forall i \in \mathcal{N}$ 和 $\forall s \in \mathcal{S}$, 有

$$V_i(s, \pi_i^*, \pi_{-i}^*) \geqslant V_i(s, \pi_i, \pi_{-i}^*), \quad \forall \pi_i \in \Pi_i,$$

其中 Π_i 表示局中人 i 的策略空间, $V_i(s, \pi_i^*, \pi_{-i}^*)$ 表示给定当前状态和所有局中人均衡策略时局中人 i 折扣回报的预期总和. 在 Nash 均衡处所有局中人都不可能通过单独地改变策略使自己获得更大的回报. 如果给定 Nash 均衡 π^*, 则每个局中人的动作都是对其他局中人的最佳回应.

特别地, 当状态集 $\mathcal{S}$ 为一个单点集时, 随机博弈视为一个重复的标准式博弈, 此时随机博弈将 von Neumann 等提出的标准式博弈扩展到动态多阶段和多状态的情形. 另外, 当集合 $\mathcal{N}$ 中只包含一个局中人时, 此时为一个标准的 MDP. 在具体场景中, 局中人通常表现为合作、竞争、合作与竞争相交叠, 分别对应于共同回报函数、零和回报函数、一般和回报函数. 在随机博弈的一般性框架中, 考虑其一些特定的情形. 根据局中人回报函数或收益函数的不同, 主要被分为三类: ① 完全合作, 此时所有局中人具有一个相同的回报函数, 即 $r_i = r_j, \forall i, j \in \mathcal{N}$. ② 完全竞争, 此时环境中只有两个局中人且他们的回报函数满足零和关系, 即 $r_1 = -r_2$. ③ 混合性, 此时所有局中人的回报函数不受其他约束条件影响, 该随机博弈为一般和随机博弈. 随机博弈有多个状态和多个局中人, 从本质上讲, 多智能体学习更加困难, 因为智能体不仅与环境交互, 彼此之间也互相交互. 因此, 随机博弈的模型已经成为连接博弈论和强化学习的桥梁. 基于此, 在人工智能领域中, 随机博弈也被视作多智能体强化学习的一般性框架[196]. 随机博弈将 MDP 从单个智能体系统扩展到了多个智能体系统, 如图 6.1 所示.

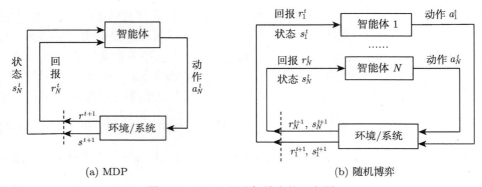

(a) MDP　　　　　　　　　　　　　(b) 随机博弈

图 6.1　MDP 和随机博弈的示意图

下面给出折扣系数的分析: 当集合 $\mathcal{N} = 1$ 时, $\Gamma_3 = \ <\mathcal{S}, \mathcal{A}, r, P, \gamma>$ 为一个 MDP. 考虑折扣系数对 MDP 期望支付的影响, 其中状态之间的转移概率矩阵 P 和支付函数 r 表示如下:

$$P = \begin{bmatrix} 2/3 & 1/2 & 0 & 0 & 0 \\ 1/3 & 0 & 1/3 & 0 & 1/3 \\ 0 & 0 & 0 & 1/3 & 2/3 \\ 1/4 & 1/2 & 0 & 1/4 & 0 \\ 0 & 1/4 & 1/2 & 1/4 & 0 \end{bmatrix}, \quad r = \begin{bmatrix} 2 & 1 & 0 & 0 & 3 \\ 0 & 2 & 1 & 0 & 1 \\ 1 & 0 & 2 & 1 & 0 \\ 2 & 0 & 0 & 2 & 1 \\ 0 & 2 & 0 & 2 & 1 \end{bmatrix}.$$

取初始值函数向量为 $V^0 = [0,0,0,0,0]^{\mathrm{T}}$, 折扣系数 γ 的取值分别为 0.1, 0.3, 0.5, 0.85, 0.95 和 0.99, 接下来分析折扣系数对随机博弈中期望支付值的影响, 得到在不同折扣系数下值函数的收敛图.

由图 6.2(a) ~ (f) 可知, 从初始值函数 V^0 开始值函数 V 最终会随着迭代步数增加而收敛, 最优期望回报值是唯一的. 通过实验, 折扣系数对期望值函数的影

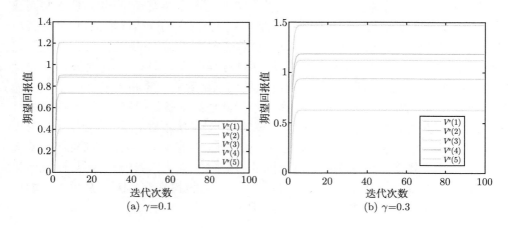

(a) γ=0.1　　　　　　　　　　　(b) γ=0.3

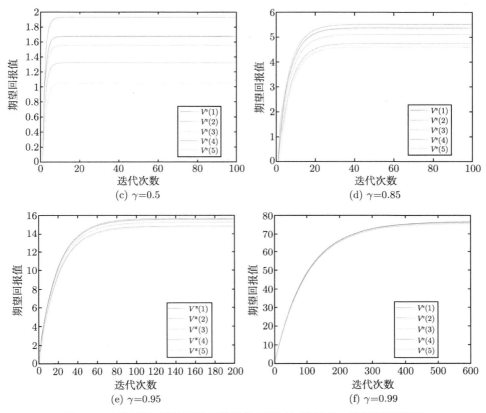

图 6.2　不同折扣系数下值函数的收敛图 (扫描封底二维码查看彩图)

响较敏感. 当 $\gamma \to 0$ 时, 局中人是短视的, 期望回报较小. 当 $\gamma \to 1$ 时, 局中人是有远见的, 预期回报较大. 由此不难看出, 短视者只关心眼前利益, 远视者更有可能在未来获得更高的回报.

6.3　最小化后悔值学习算法实现随机博弈 Nash 平衡

设 K 的范围是未知的, 策略 π 在任何迭代中都是好的, 此时用值函数定义后悔的程度, 若最优策略为 $\pi^* = (\pi_1^*, \cdots, \pi_N^*)$, 后悔程度 ϑ^k 等于式 (6.5) 的值函数 $V^k(s)$ 和式 (6.4) 的最优值函数 $V^*(s)$ 之间的差值定义如下:

$$\vartheta_i^k = V_i^*(s) - V_i^k(s),$$

其中 ϑ_i^k 表示第 i 个局中人在时刻 k 的后悔程度, 局中人的目标是最小化累积后悔值

$$\Theta_N^K = \sum_{k<K} \vartheta_k^N,$$

其中 N 表示局中人空间的大小. 在迭代步长 k 时, 当评估值 V 固定, 随机博弈过程中产生的最小化后悔值程度 ϑ_N^k 被表示为[202,203]

$$\vartheta_N^k = \min_{i \leqslant N} \vartheta_i^k.$$

设 Θ_N^K 的上界给出了迄今为止找到的最优值与真实最优值之间的最小间距 $\dfrac{\Theta_N^K}{N}$ 的上界, 其中 K 为局中人的终止时刻, 则在随机博弈中所有局中人累积后悔值被定义为

$$\Theta_N^K = \sum_{k<K} \sum_{i \leqslant N} \vartheta_i^k, \tag{6.6}$$

当每个局中人寻求自身的最小化后悔值时, 意味着选取的策略值与最优策略值之间的后悔程度最小.

接下来给出最小化后悔值学习算法的实现步骤如下.

步骤 1　随机初始化状态值函数. 设置折扣系数 γ 的取值.

步骤 2　对于每一个状态 s, 通过式 (6.5) 更新局中人的值函数 $V^k(s)$, 并通过式 (6.4) 计算最优值函数 $V^*(s)$.

步骤 3　通过式 (6.6) 计算累积后悔程度 $\Theta_N^K = \sum\limits_{k<K} \sum\limits_{i \leqslant N} \vartheta_i^k$.

步骤 4　判断迭代停机准则. 所有局中人的累积后悔程度是否满足 $\Theta_N^K <$ 0.0001? 如果是, 输出最优策略 π^*; 否则, 返回步骤 1. 一旦满足累积后悔程度, 则输出最优策略, 此时也就得到累积折扣期望回报的值.

最小化后悔值学习算法流程如图 6.3.

接下来给出最小化后悔值学习算法的收敛值与初始状态值选取无关的相关定理.

定理 6.1　对于任意初始状态值 $V^0(s)$, 随机博弈在 Markov 奖励过程上更新, 函数值 $V^k(s)$ 收敛.

证明　由迭代式 (6.5) 可知

$$V^k(s) = \mathrm{diag}(Pr^{\mathrm{T}}) + \gamma P V^{k-1}(s),$$

$$V^{k-1}(s) = \mathrm{diag}(Pr^{\mathrm{T}}) + \gamma P V^{k-2}(s),$$

$$\cdots\cdots \tag{6.7}$$

$$V^2(s) = \mathrm{diag}(Pr^{\mathrm{T}}) + \gamma P V^1(s),$$

$$V^1(s) = \mathrm{diag}(Pr^{\mathrm{T}}) + \gamma P V^0(s).$$

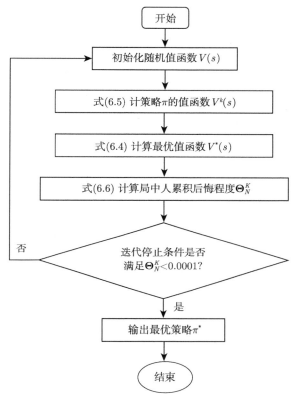

图 6.3 最小化后悔值学习算法流程图

将方程组 (6.7) 化简, 计算第 $k+1$ 步与第 k 步之间值函数的差值为

$$V^{k+1}(s) - V^k(s) = \gamma P(V^k(s) - V^{k-1}(s))$$

$$= \gamma^2 P^2(V^{k-1}(s) - V^{k-2}(s))$$

$$= \gamma^3 P^3(V^{k-2}(s) - V^{k-3}(s))$$

$$\cdots\cdots$$

$$= \gamma^k P^k(V^1(s) - V^0(s))$$

$$= \gamma^k P^k \mathrm{diag}(Pr^{\mathrm{T}}) + \gamma^k P^k(\gamma P - I)V^0(s),$$

其中 I 为单位矩阵, P 为转移概率矩阵, r 为回报或收益矩阵. 假设折扣系数满足 $0 < \gamma < 1$, 则有

$$[r_{min}^1, \cdots, r_{min}^N]^{\mathrm{T}} - (V_{max} - \gamma V_{min})[1, \cdots, 1]^{\mathrm{T}}$$

$$\leqslant \operatorname{diag}(Pr^{\mathrm{T}}) - (I - \gamma P)V^0(s)$$

$$\leqslant [r_{max}^1, \cdots, r_{max}^N]^{\mathrm{T}} - (V_{min} - \gamma V_{max})[1, \cdots, 1]^{\mathrm{T}}, \tag{6.8}$$

其中 r_{min}^i 和 r_{max}^i 分别是支付矩阵 r 第 i 行所获得回报值中的最小值和最大值. $V^0(s)$ 表示初始的状态值, $V^0(s) = [V^{01}, \cdots, V^{0N}]^{\mathrm{T}}$. V 的最小值为 $V_{min} = \min\{V^0(s)\}$, V 的最大值为 $V_{max} = \max\{V^0(s)\}$. 放缩不等式 (6.8) 的左边和放大式 (6.8) 的右边得到

$$\gamma^k(r_{min}^* - V_{max} + \gamma V_{min})[1, \cdots, 1]^{\mathrm{T}} \leqslant V^{k+1}(s) - V^k(s)$$

$$\leqslant \gamma^k(r_{max}^* - V_{min} + \gamma V_{max})[1, \cdots, 1]^{\mathrm{T}},$$

其中 r_{min}^* 表示支付矩阵 r 中的最小值, r_{max}^* 表示支付矩阵 r 中的最大值. 由于折扣系数 γ 的取值范围为 $(0,1)$ 区间, 随着迭代次数 k 的不断增加, γ^k 的值无限趋近于 0, 说明了 $r_{min}^*, r_{max}^*, V_{min}, V_{max}$ 的影响比 γ 要小得多. 因此

$$0 \leqslant V^{k+1}(s) - V^k(s) \leqslant 0,$$

显然, 随着迭代次数 k 的不断增加, $V^{k+1}(s) = V^k(s)$, 因此, 最小化后悔值学习算法最终的值是收敛的. □

定理 6.2　初始状态值 $V^0(s)$ 的选择不影响值函数 $V^k(s)$ 的收敛性.

证明　将式 (6.7) 等价地转化为

$$V^k(s) = \operatorname{diag}(Pr^{\mathrm{T}}) + \gamma PV^{k-1}(s)$$

$$= \operatorname{diag}(Pr^{\mathrm{T}}) + \gamma P(\operatorname{diag}(Pr^{\mathrm{T}}) + \gamma PV^{k-2}(s))$$

$$= \operatorname{diag}(Pr^{\mathrm{T}}) + \gamma P(\operatorname{diag}(Pr^{\mathrm{T}}) + \gamma P(\operatorname{diag}(Pr^{\mathrm{T}}) + \gamma PV^{k-3}(s)))$$

$$\cdots\cdots$$

$$= (I + \gamma P + (\gamma P)^2 + \cdots + (\gamma P)^{k-1})\operatorname{diag}(Pr^{\mathrm{T}}) + (\gamma P)^k V^0(s).$$

因为 P 是转移概率矩阵, 所以 P^k 也是一个转移概率矩阵, 那么有

$$[r_{min}^*, \cdots, r_{min}^*]^{\mathrm{T}}$$

$$\leqslant [r_{min}^1, \cdots, r_{min}^N]^{\mathrm{T}} \leqslant \gamma^{k'}\operatorname{diag}(Pr^{\mathrm{T}})$$

$$\leqslant [r_{max}^1, \cdots, r_{max}^N]^{\mathrm{T}} \leqslant [r_{max}^*, \cdots, r_{max}^*]^{\mathrm{T}}, \quad k' \in \{1, \cdots, k\},$$

$$[V_{min}, \cdots, V_{min}]^{\mathrm{T}} \leqslant P^k V^0(s) \leqslant [V_{max}, \cdots, V_{max}]^{\mathrm{T}}, \tag{6.9}$$

将式 (6.9) 中的两个不等式化简为

$$
V^k(s) \geqslant (1 + \gamma + \cdots + \gamma^{k-1}) r^*_{min} + \gamma^k V_{min},
$$
$$
V^k(s) \leqslant (1 + \gamma + \cdots + \gamma^{k-1}) r^*_{max} + \gamma^k V_{max}, \tag{6.10}
$$

可将式 (6.10) 中的两个不等式展开, 有

$$
(1 + \gamma + \cdots + \gamma^{k-1}) r^*_{min} + \gamma^k V_{min}
$$
$$
= \left(\frac{1}{\gamma^k} + \frac{1}{\gamma^{k-1}} + \cdots + \frac{1}{\gamma} \right) \gamma^k r^*_{min} + \gamma^k V_{min}
$$
$$
= \gamma^k \left(\frac{1}{\gamma^k} + \frac{1}{\gamma^{k-1}} + \cdots + \frac{1}{\gamma} \right) r^*_{min} + V_{min}
$$
$$
\approx \gamma^k \left(\frac{1}{\gamma^k} + \frac{1}{\gamma^{k-1}} + \cdots + \frac{1}{\gamma} \right) r^*_{min},
$$
$$
(1 + \gamma + \cdots + \gamma^{k-1}) r^*_{max} + \gamma^k V_{max}
$$
$$
= \left(\frac{1}{\gamma^k} + \frac{1}{\gamma^{k-1}} + \cdots + \frac{1}{\gamma} \right) \gamma^k r^*_{max} + \gamma^k V_{max}
$$
$$
= \gamma^k \left(\frac{1}{\gamma^k} + \frac{1}{\gamma^{k-1}} + \cdots + \frac{1}{\gamma} \right) r^*_{max} + V_{max}
$$
$$
\approx \gamma^k \left(\frac{1}{\gamma^k} + \frac{1}{\gamma^{k-1}} + \cdots + \frac{1}{\gamma} \right) r^*_{max}. \tag{6.11}
$$

由于折扣系数满足 $0 < \gamma < 1$, 随着迭代次数 k 的增大, $\frac{1}{\gamma^k}$ 的值连续趋近于无穷. 因为 $\frac{1}{\gamma^k} + \frac{1}{\gamma^{k-1}} + \cdots + \frac{1}{\gamma}$ 的值远远大于 1, 从而式 (6.11) 的两个不等式都是单调递增的. 综上所述, 初始值 $V^0(s)$ 对 V_{max} 和 V_{min} 的影响可忽略不计, 即初始状态值 $V^0(s)$ 的选取不影响值函数 $V^k(s)$ 的收敛性, 结论得证. □

接下来给出一个 MDP 情形的例子.

例 6.1 设 $\mathcal{N} = 1$, 局中人有三个不同状态为 $\mathcal{S} = \{s_1, s_2, s_3\}$. 在状态 s_1 和 s_2 下, 局中人有两个动作, 分别从 $\mathcal{A}(s_1) = \mathcal{A}(s_2) = \{a_1, a_2\}$ 中选取. 在状态 s_3, 局中人只有一个动作, 从 $\mathcal{A}(s_3) = \{a_2\}$ 中选取. 如果在状态 s_1 选择动作 a_1, 则得到回报为 $r(s_1, a_1) = 2$, 转移概率是 $P(s_2 | s_1, a_1) = 1$. 如果在状态 s_1 选择动作 a_2, 则得到回报为 $r(s_1, a_2) = 3$, 转移概率是 $P(s_1 | s_1, a_2) = 1$. 在状态 s_2, 如果选择动作 a_1, 则得到回报为 $r(s_2, a_1) = 5$, 转移概率是 $P(s_1 | s_2, a_1) = 1$, 如果选择

动作 a_2, 得到回报 $r(s_2, a_2) = 10$, 转移概率是 $P(s_1|s_2, a_2) = 0.5$ 和 $P(s_2|s_2, a_2) = 0.5$. 在状态 s_3, 如果选择动作 a_2, 则局中人得到回报为 $r(s_3, a_2) = 0$ 且转移概率是 $P(s_3|s_3, a_2) = 1$. 假设局中人是足够有远见的, 折扣系数取值为 $\gamma = 0.95$.

为使单个局中人情形更加直观, 将上述 MDP 整理, 如表 6.1 所示.

表 6.1　例 6.1 中 MDP 的表示

局中人 ($\mathcal{N}$)			1			
状态 ($\mathcal{S}$)	s_1		s_2			s_3
动作 ($\mathcal{A}$)	a_1	a_2	a_1	a_2	$-$	a_2
回报 (r)	2	3	5	10	$-$	0
转移概率 (P)	(0.0, 1.0, 0.0)	(1.0, 0.0, 0.0)	(1.0, 0.0, 0.0)	(0.0, 0.5, 0.5)	$-$	(0.0, 0.0, 1.0)

设在终止时刻 K, 最终回报值是 $r^K(s)$, $\forall s \in \mathcal{S}$. 取 $K = 3$, 那么共有三个离散的时刻分别为 $k = 1, 2, 3$, 同时满足 $r^3(s_1) = r^3(s_2) = r^3(s_3) = 0$. 在状态 s_3, 最优策略为 $\pi^{k,*}(s_3) = a_2$ 和最优值函数为 $V^{k,*}(s_3) = 0$, $\forall k$. 在终止时刻, 局中人的回报函数为 $r^K(s_1) = 0$ 且值函数为 $V^{3,*}(s_1) = V^{3,*}(s_2) = 0$.

通过逆向归纳法, 在状态 s_1, 当 $k = 2$ 时, 有

$$V^2(a_1|s_1) = 2 + 0.95 \times 1 \times V^{3,*}(s_2) = 2,$$

$$V^2(a_2|s_1) = 3 + 0.95 \times 1 \times V^{3,*}(s_1) = 3,$$

因此 $V^{2,*}(s_1) = 3$, 最优策略为 $\pi^{2,*}(s_1) = a_2$. 在状态 s_2, 有

$$V^2(a_1|s_2) = 5 + 0.95 \times 1 \times V^{3,*}(s_1) = 5,$$

$$V^2(a_2|s_2) = 10 + 0.95 \times \frac{1}{2} \times V^{3,*}(s_2) + 0.95 \times \frac{1}{2} \times V^{3,*}(s_3) = 10,$$

因此 $V^{2,*}(s_2) = 10$, 最优策略为 $\pi^{2,*}(s_2) = a_2$. 在状态 s_1, 当 $k = 1$ 时, 有

$$V^1(a_1|s_1) = 2 + 0.95 \times 1 \times V^{2,*}(s_2) = 11.5,$$

$$V^1(a_2|s_1) = 3 + 0.95 \times 1 \times V^{2,*}(s_1) = 5.85,$$

因此 $V^{1,*}(s_1) = 11.5$, 最优策略为 $\pi^{1,*}(s_1) = a_1$. 在状态 s_2, 有

$$V^1(a_1|s_2) = 5 + 0.95 \times 1 \times V^{2,*}(s_1) = 7.85,$$

$$V^1(a_2|s_2) = 10 + 0.95 \times \frac{1}{2} \times 1 \times V^{2,*}(s_2) + 0.95 \times \frac{1}{2} \times 1 \times V^{2,*}(s_3) = 14.75,$$

因此 $V^{1,*}(s_2) = 14.75$, 最优策略为 $\pi^{2,*}(s_2) = a_2$. 在状态 s_1, 当 $k = 0$ 时, 有

$$V^0(a_1|s_1) = 2 + 0.95 \times 1 \times V^{1,*}(s_2) = 16.0125,$$

$$V^0(a_2|s_1) = 3 + 0.95 \times 1 \times V^{1,*}(s_1) = 13.925,$$

因此 $V^{0,*}(s_1) = 16.0125$, 最优策略为 $\pi^{0,*}(s_1) = a_1$. 在状态 s_2, 有

$$V^0(a_1|s_2) = 5 + 0.95 \times 1 \times V^{1,*}(s_1) = 15.925,$$

$$V^0(a_2|s_2) = 10 + 0.95 \times \frac{1}{2} \times V^{1,*}(s_2) + 0.95 \times \frac{1}{2} \times V^{1,*}(s_3) = 17.00625,$$

因此 $V^{0,*}(s_2) = 17.00625$, 最优策略为 $\pi^{0,*}(s_2) = a_2$.

因此, 任意状态下的最优值函数和最优策略为

$$V^* = \begin{array}{c} \\ s_1 \\ s_2 \\ s_3 \end{array} \begin{array}{ccc} k=0 & k=1 & k=2 \\ \left[\begin{array}{ccc} 16.0125 & 11.5 & 3 \\ 17.00625 & 14.75 & 10 \\ 0 & 0 & 0 \end{array}\right] \end{array}, \quad \pi^* = \begin{array}{c} \\ s_1 \\ s_2 \\ s_3 \end{array} \begin{array}{ccc} k=0 & k=1 & k=2 \\ \left[\begin{array}{ccc} a_1 & a_1 & a_2 \\ a_2 & a_2 & a_2 \\ a_2 & a_2 & a_2 \end{array}\right] \end{array},$$

其中在状态 s_1, 最优回报值函数为 $V^*(s_1) = 16.0125$, 在状态 s_2, 最优回报值函数为 $V^*(s_2) = 17.00625$, 或者在状态 s_3, 最优回报值函数为 $V^*(s_3) = 0$. 当局中人处于决策时间范围内, 在状态 s_1, 该过程的均衡为 (a_1, a_1, a_2). 在状态 s_2, 该过程的均衡为 (a_2, a_2, a_2). 在状态 s_3, 该过程的均衡为 (a_2, a_2, a_2). 因此, 该局中人通过迭代学习能够收敛到该 MDP 的最优策略.

接下来, 考虑一个随机 PD 博弈的例子.

例 6.2 设 $\mathcal{N} = \{1, 2\}$ 是两个局中人的集合, 局中人状态集是 $\mathcal{S} = \{s_1, s_2\}$, $b(b > 1)$ 表示背叛诱惑系数的值. 在状态 s_1 和 s_2, 局中人从集合 $\mathcal{A}(s_1) = \mathcal{A}(s_2) = \{C, D\}$ 中选择动作, 其中 C 表示合作 (cooperation), D 表示背叛 (defection). 在状态 s_1, 局中人 1 的瞬时回报为 $r(s_1, C, C) = 3$, $r(s_1, C, D) = 0$, $r(s_1, D, C) = 5$ 和 $r(s_1, D, D) = 1$; 局中人 2 的瞬时回报为 $r(s_1, C, C) = 3$, $r(s_1, C, D) = 5$, $r(s_1, D, C) = 0$ 和 $r(s_1, D, D) = 1$. 在状态 s_1, 如果局中人选择动作对 $\{C, D\}$, $\{D, C\}$ 和 $\{D, D\}$, 则局中人依概率 1 转移到状态 s_2; 如果局中人选择动作 $\{C, C\}$, 则局中人依概率 1 保留在状态 s_1. 在状态 s_2, 局中人 1 的瞬时回报为 $r(s_2, C, C) = 3$, $r(s_2, C, D) = 0$, $r(s_2, D, C) = 5$ 和 $r(s_2, D, D) = 1$; 局中人 2 的瞬时回报值为 $r(s_2, C, C) = 3$, $r(s_2, C, D) = 5$, $r(s_2, D, C) = 0$ 和 $r(s_2, D, D) = 1$. 一旦局中人到达状态 s_2, 局中人依概率 1 保留在状态 s_2. 随机 PD 博弈的支付和状态转移可以描述如下:

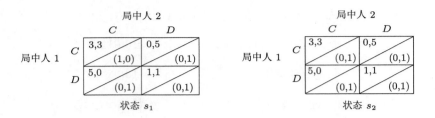

在状态 s_2, 该博弈仅是一个 PD 博弈, 其 Nash 平衡为 (D, D). 在状态 s_2, 可用折扣系数定义值函数为[204]

$$V_i^*(s_2) = \frac{1}{1-\gamma}.$$

在状态 s_1 下, 该博弈的策略和支付矩阵被表示如下:

	局中人 2	
局中人 1	C	D
C	$3+\gamma V_1^*(s_1),\, 3+\gamma V_2^*(s_1)$	$\gamma V_1^*(s_2),\, 5+\gamma V_2^*(s_2)$
D	$5+\gamma V_1^*(s_2),\, \gamma V_2^*(s_2)$	$1+\gamma V_1^*(s_2),\, 1+\gamma V_2^*(s_2)$

或者

	局中人 2	
局中人 1	C	D
C	$3+\gamma V_1^*(s_1),\, 3+\gamma V_2^*(s_1)$	$\dfrac{\gamma}{1-\gamma},\, 5+\dfrac{\gamma}{1-\gamma}$
D	$5+\dfrac{\gamma}{1-\gamma},\, \dfrac{\gamma}{1-\gamma}$	$\dfrac{1}{1-\gamma},\, \dfrac{1}{1-\gamma}$

显然 (D, C) 和 (C, D) 不是该博弈的 Nash 平衡, 对于所有折扣系数 γ 的值, (D, D) 都是 Nash 平衡. 对于 $\forall i = 1, 2$, 有

$$3 + \gamma V_i(s_1) \geqslant 5 + \frac{\gamma}{1-\gamma}$$

$$\Rightarrow V_i(s_1) \geqslant \frac{2-\gamma}{\gamma(1-\gamma)} \quad (i = 1, 2),$$

那么 (C, C) 也是一个 Nash 平衡. 在状态 s_1, 设两个局中人都选择合作, 那么有

$$V_i(s_1) = 3 + \gamma V_i(s_1)$$

$$\Rightarrow V_i(s_1) = \frac{3}{1-\gamma} \quad (i = 1, 2).$$

结合上面两个式子, 有

$$\frac{3}{1-\gamma} \geqslant \frac{2-\gamma}{\gamma(1-\gamma)}$$

$$\Leftrightarrow \gamma \geqslant \frac{1}{2}.$$

因此, 如果 $\gamma \geqslant \frac{1}{2}$, 那么局中人将收敛到随机 PD 博弈 (D, D) 和 (C, C) 策略, 其中 (D, D) 是一个 Nash 平衡, 但是局中人会陷入 (背叛, 背叛) 的 "囚徒困境".

接下来构建网格上的空间 PD 博弈并分析诱惑系数如何影响博弈的结果, 使得局中人可以摆脱囚徒困境实现合作解 (C, C). Nowak 和 May[205] 首先将网络结构引入囚徒困境博弈中, 并研究了二维方格子网络上的重复 PD 博弈, 发现合作行为能够在具有周期边界的二维方格子上涌现. 空间 PD 博弈[206] 被视作一个元组 $< \mathcal{N}, \mathcal{S}, (\mathcal{A}_i, r_i)_{i \in \mathcal{N}}, \gamma >$, 其中 $\mathcal{N} = \{1, 2\}$ 表示局中人的集合, $\mathcal{S}$ 表示局中人的状态集, $\mathcal{A}_i = \{C, D\}(i \in \mathcal{N})$ 表示局中人 i 的动作集. 当所有局中人策略都固定时, 可以获得奖励 R(reward)、欺骗 S(sucker)、诱惑 T(temptation) 和惩罚 P(penalty) 这四种可能的回报之一. 在空间 PD 博弈中, 如果所有局中人都选择合作 C, 则选择合作的局中人会得到奖励 R. 如果所有局中人都选择背叛 D, 则背叛的局中人会得到 P. 如果一个局中人背叛了合作者, 背叛的局中人得到最大诱惑 T, 而合作的局中人得到欺骗 S. 两个局中人在不同动作的支付矩阵如下:

		局中人 2	
		C	D
局中人 1	C	(R, R)	(S, T)
	D	(T, S)	(P, P)

其中 (R, R) 表示双方都合作的回报, (S, T) 和 (T, S) 表示一方合作另一方背叛的回报, (P, P) 表示双方都背叛的回报. 设空间 PD 博弈的四个回报值之间的关系满足以下不等式: $T > R > P > S$ 和 $2R > T + S$, 并且局中人所获得的支付矩阵为

$$\begin{bmatrix} R & S \\ T & P \end{bmatrix} = \begin{bmatrix} 1 & 0 \\ b & 0 \end{bmatrix},$$

其中 b $(b > 1)$ 表示采用背叛动作时的诱惑系数.

为了验证局中人之间合作策略是如何达成的, 接下来考虑不同诱惑系数 b 对网格上局中人博弈结果的影响. 每个局中人在单个时间步都与他的邻居博弈, 网格上的局中人可表示为一个方阵, 由 0 或 1 表示, 其中 0 表示背叛者, 1 表示合作者. 每个局中人有 8 个邻居, 若包括它自身, 则共有 9 个局中人 (除非局中人处于网格中的边界上). 模拟随机分布的背叛者和合作者在每个时间步上, 通过学习如何避免陷入囚徒困境中. 将一个局中人的回报与其所有邻居的回报进行比较, 找出回报得分最高的局中人, 如果回报最高的局中人是一个背叛者, 则该局中人在下一轮中会成为一个背叛者. 如果是一个合作者, 它将成为一个合作者. 在此二维

网格上的空间 PD 博弈中, 局中人之间的学习目标被定义为使得局中人之间的整体期望回报最大化.

在 300 × 300 的网格上模拟空间 PD 博弈, 同时合作者 (cooperators) 和背叛者 (defectors) 在平均 50 × 50 划分的网格上随机生成, 迭代更新的次数设置为 300 代, 则该空间 PD 博弈是一个 300 × 300 的正方形网格, 总的局中人数量为 90000, 注意到在图中合作者和背叛者的初始数量各为 45000. 在最终的状态图中, 合作者 (C) 用黄色表示, 背叛者 (D) 用蓝色表示, 由背叛者转为合作者 (C 到 D) 用红色表示, 由合作者转为背叛者 (D 到 C) 用绿色表示.

由图 6.4(a)∼(f) 知, 诱惑系数取值为 $b = 1.1$, $b = 1.3$, $b = 1.7$. 此时局中人被背叛者隔离和包围, 合作者的数量突然下降, 因此一些背叛者聚集构成小群体, 不断影响合作者, 从而合作者数量减少. 因此, 当诱惑系数 b 较低时, 合作者在迭代过程中很快占据了主导地位. 随着诱惑系数 b 的取值不断变大, 背叛者的数量逐渐增加, 合作者的数量逐渐减少. 直到诱惑系数 $b = 1.7$, 合作者仍占据主导地

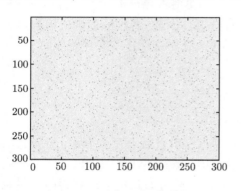

(a) 当b=1.1, 迭代300次时, 最终状态

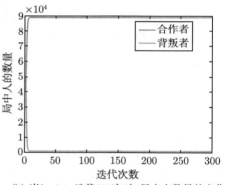

(b) 当b=1.1, 迭代300次时, 局中人数量的变化

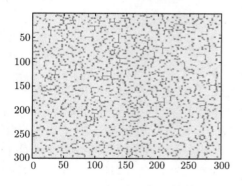

(c) 当b=1.3, 迭代300次时, 最终状态

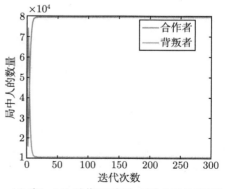

(d) 当b=1.3, 迭代300次时, 局中人数量的变化

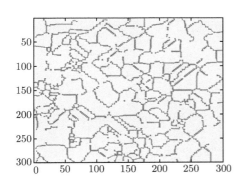

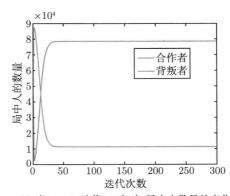

(e) 当 $b=1.7$, 迭代300次时, 最终状态   (f) 当 $b=1.7$, 迭代300次时, 局中人数量的变化

图 6.4   在诱惑系数 $b = 1.1$, $b = 1.3$, $b = 1.7$ 下, 局中人策略的转变 (左) 及其合作者和背叛者数量的变化 (右)(扫描封底二维码查看彩图)

位, 但当诱惑系数 b 取值继续增加时, 背叛者的数量一直保持增加, 按照这种趋势下去背叛者的数量将会超过合作者的数量. 这意味着当诱惑系数 $b > 1.7$ 时, 背叛者的数量将不断地增加最终超过合作者的数量, 因此在诱惑系数 $b > 1.7$ 范围中存在着一个转变的临界点. 接下来可通过观察每一轮和一段时间内的合作者密度来研究诱惑系数 b 如何影响博弈结果, 局中人如何在不同的诱惑系数值下选择动作, 特别是在 $b > 1.7$ 的区域之间.

由图 6.5(a) $\sim$ (d) 知, 诱惑系数取值为 $b = 1.8$ 和 $b = 1.9$, 当 $b \geqslant 1.8$ 时, 背叛者数量进一步增加且背叛者数量超过合作者的数量, 背叛者占据主导地位. 不难发现选择不同的诱惑系数对应着博弈的不同状态, 局中人采取的动作与诱惑系数密切相关. 当 $1 < b < 1.8$ 时, 局中人的合作者占主导地位, 整个网络空间中合作水平较高. 当 $b > 1.8$ 时, 局中人的背叛者占主导地位, 诱惑系数 b 取值越大, 背叛

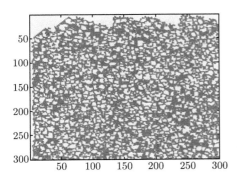

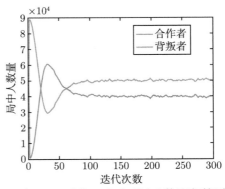

(a) 当 $b=1.8$, 迭代300次时, 最终状态   (b) 当 $b=1.8$, 迭代300次时, 局中人数量随时间改变

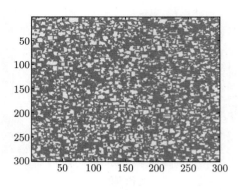

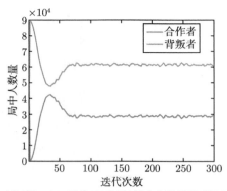

(c) 当 $b=1.9$, 迭代300次时, 最终状态　　　　　(d) 当 $b=1.9$, 迭代300次时, 局中人数量随时间改变

图 6.5　在诱惑系数 $b=1.8$, $b=1.9$ 下, 局中人策略的转变 (左) 和合作者转为
背叛者数量 (右) (扫描封底二维码查看彩图)

者的数量越多, 整个网络空间中背叛程度越高. 显然, 网络空间 PD 博弈中可以通过设置适当的诱惑系数 $1 < b < 1.8$ 的范围来提高局中人之间的合作水平, 局中人可以通过学习来摆脱囚徒困境, 实现合作解, 使得社会的整体福利达到最大.

6.4　本 章 小 结

本章介绍了随机博弈模型, 给出了其值函数更新迭代公式并用一个简单的实验分析折扣系数对累积期望回报值的影响. 将最小化后悔值的思想引入到值函数迭代中提出了一种新的具有最小化后悔值学习算法, 给出了最小化后悔值算法的设计, 证明了该算法的收敛值不依赖于初始值的选取. 通过折扣系数定义随机博弈的值函数, 推导出折扣系数在一定范围内收敛到随机 PD 博弈 (D, D) 和 (C, C) 策略, 其中 (D, D) 是一个 Nash 平衡, 但是局中人会陷入 (背叛, 背叛) 的 "囚徒困境". 接下来构建网格上的空间 PD 博弈, 通过分析诱惑系数对博弈中局中人动作选取的影响, 从而影响博弈的最终结果. 当诱惑系数较小时, 合作策略占主导位置; 当诱惑系数较大时, 背叛策略占优势, 因此可通过设置适当的诱惑系数 $1 < b < 1.8$ 的范围来提高局中人之间的合作水平, 博弈均衡结果会收敛到合作解.

研究的结论表明空间结构会由于局部策略的分散而导致合作的聚集, 合作者汇合产生更多的交互来抵御背叛个体的入侵, 从而使得较小的诱惑系数引入能够显著促进合作的演化. 在一个恒定的环境中, 当在突变合作个体中出现背叛者时, 此个体将会稀释合作者的空间分类, 从而阻碍合作的演化, 但他们的研究发现即使存在变异, 博弈转换依旧能稳定地促进合作. 另一方面, 社会困境是指个体理性与集体理性之间存在冲突关系的一类常见问题. 在这类问题中, 合作策略能使所有局中人都取得更好的长期回报, 社会困境已经得到广泛的研究, 它与多个不同学科息息相关. 从计算科学的角度, 可以将社会困境建模为一种基于时间序列的多智能体交互决策问题. 因此, 本章将带有最小化后悔值学习算法用于求解和实现随机博弈 Nash 平衡是一种有效的方法, 并考虑个体理性和集体理性结合的最小化后悔值学习机制实现空间 PD 博弈中合作的涌现, 使得社会福利回报最大化.

第 7 章　平均场博弈均衡实现算法

7.1　引　　言

平均场博弈理论最早是由加拿大 McGill 大学 Peter Caines 团队[44] 于 2006 年以及菲尔兹奖得主 Lasry 和 Lions[45] 于 2007 年分别独立地提出, 目的是为具有大量局中人的动态博弈提供一个理论框架, 当局中人数量趋于无穷大时, 其均衡进一步充当相应 N 人博弈的近似 Nash 平衡. 平均场博弈研究的是微观个体和群体分布之间的博弈策略, 主要特点是群体分布由大量微观个体的决策行为所决定的, 即微观个体的决策也影响着群体分布, 而个体的决策又受到群体分布的影响. 平均场博弈的主要思想是所有的局中人不单独观察其他局中人的动作和状态, 而是通过这些特征的经验分布来观察整体水平. 从经济学的角度, 该博弈可处理具有明确互动 (与一般均衡理论中 "价格调节所有社会互动" 的经典假设对比[207]) 和异构状态 (与局中人代表模型对比[208]) 的模型. 近些年, 平均场博弈被广泛应用于经济理论[87]、通信网络[209]、电力系统[210]、公共健康[211] 等领域.

到目前为止, 大多数文献都集中在平均场均衡的存在性研究. Lacker[212] 证明了在控制鞅问题的框架下平均场博弈 Markov 均衡的一般存在性定理. Saldi 等[213] 在较弱的假设下, 证明了无限群体中平均场均衡的存在性定理, 并研究了平均场均衡可以近似于具有折扣成本的平均场博弈的 Markov-Nash 平衡. Gomes 等[214] 给出了具有有限状态空间平均场博弈平稳平均场均衡的存在性. Belak 等[215] 为具有有限状态和常见噪声的连续时间平均场博弈建立了数学框架, 在较弱的假设条件下证明了其均衡的存在性. 然而, 大多数有限状态空间平均场博弈的理论结果依赖于 Hamilton 存在唯一优化器的假设. 对于有限动作空间, 一般不满足这一假设, 可参考 [216, 217]. 因此, Doncel 等[218] 证明了有限状态和有限动作空间平均场博弈动态均衡的存在性, 以及这些均衡与相关的 N 人博弈 Nash 均衡的关系. Neumann[219] 利用 Kakutani 不动点定理证明了混合策略中有限状态和有限动作空间平均场博弈平稳平均场均衡的存在性. 关于平均场博弈均衡的存在性, 感兴趣的读者可参考 [87, 88, 220–222].

一方面, 关于平均场博弈解的稳定性研究的文献相对较少. Guéant[46] 利用 Hermite 多项式得到了在初始和终止条件扰动时基于扩散模型的稳定性结果. Adlakha 和 Johari[47] 以及 Light 和 Weintraub[48] 研究了在转移概率和收益函数单调时含参数平均场博弈遗忘均衡的比较静态结果. 近些年, Neumann[49] 在博弈和均衡受到轻微扰动时, 通过 Fort 定理证明了一类具有有限状态和有限动作空间平均场博弈平稳平均场均衡的本质稳定性. 上述有趣且重要的结果是在完全理性的假设下得到的. 2001 年, Anderlini 和 Canning[223] 建立了抽象的有限理性模型, 证明了模型是结构稳定的当且仅当模型对 ϵ-均衡是鲁棒的. 随后, Yu 等[224,225] 在较弱的条件下拓展了文献 [223] 的模型, 证明了该模型在结构上是稳定的, 并且对于几乎所有参数值的 ϵ-均衡都具有鲁棒性. Yu 等[226] 介绍了有限理性的多目标博弈模型, 得到了多目标博弈模型 ϵ-均衡的鲁棒性和结构稳定性的一些新结论. 此外, 文献 [227] 还将最优化等决策问题也归入博弈论模型之中加以研究, 得到一些新的结果. 近些年, 俞建[54] 从有限理性的角度对非线性问题的良定性提供了一种统一的方法, 得到了一些新的良定性结果. Yu 等[55] 在有限理性模型的框架下进一步研究了各种非线性问题的良定性, 包括 Nash 平衡问题、Ky Fan 点、拟变分不等式等. Yang 和 Yu[53] 通过使用统一的方法从有限理性模型的角度研究了不同应用中的 Hadamard 良定性和 Tikhonov 良定性. 最近, Cardaliaguet 等[228] 首先在较弱的条件下证明了平均场博弈主方程的关联系统在短时内的良定性. Ambrose 等[229] 研究了平均场博弈理论中一类包含不可分局部哈密顿量主方程的短时经典解的良定性.

另一方面, 关于平均场博弈的学习问题得到了广泛的讨论. Doncel 等[218] 考虑了具有有限动作空间的平均场博弈模型, 其中个体动力学由指定转换率的微分方程给出, 取决于当前的动作和当前的种群分布. Belak 等[215] 再次考虑平均场博弈模型, 其中动态由连续时间 Markov 链给出, 该链取决于当前动作和当前群体分布. 此外, 还包括常见噪声, 即同时影响所有局中人分布的随机事件. 一方面 Cardaliaguet 和 Hadikhanloo[230] 为有限时间范围内的重复博弈引入了虚拟行动, 即局中人认为他们正面临的对手策略是一个固定但是未知的分布并依此采取动作, 随后的一些研究者进一步对其进行了分析, 并将其扩展到有限时间范围内的有限状态平均场博弈[231]. 另一方面, Mouzouni[59] 介绍了一种类似于本章后面所考虑的短视调整学习过程, 在二次 Hamilton 量和 Lasry-Lions 单调性条件假设下证明了平均场博弈平稳平均场均衡的存在性. 本章中继续讨论具有有限状态和有限动作空间平均场博弈的学习问题.

7.2 平均场博弈模型及其良定性分析

具有有限状态和有限动作空间平均场博弈是一类具有连续局中人的特殊动态博弈, 一般地, 该平均场博弈可表示为一个元组 $\Gamma_4 =< \mathcal{S}, \mathcal{A}, (Q_{ija}, r_{ia})_{i,j \in \mathcal{S}, a \in \mathcal{A}}, \gamma >$, 其中

- $\mathcal{S} = \{1, \cdots, S\}$ 是所有局中人可能状态的集合, S 表示所有状态的数量. 状态空间 $\triangle(\mathcal{S})$ 可表示为

$$\triangle(\mathcal{S}) = \left\{ s = (s_1, \cdots, s_S) : s_k \geqslant 0, k = 1, \cdots, S, \sum_{k=1}^{S} s_k = 1 \right\},$$

即 $\triangle(\mathcal{S})$ 是定义在 $\mathcal{S}$ 上的概率单纯形.

- $\mathcal{A} = \{1, \cdots, A\}$ 是所有局中人可能动作的集合, A 表示所有动作的数量. 动作空间 $\triangle(\mathcal{A})$ 可表示为

$$\triangle(\mathcal{A}) = \left\{ a = (a_1, \cdots, a_A) : a_l \geqslant 0, l = 1, \cdots, A, \sum_{l=1}^{A} a_l = 1 \right\},$$

即 $\triangle(\mathcal{A})$ 是定义在 $\mathcal{A}$ 上的概率单纯形.

- 局中人的 (混合) 策略被定义为一个可测函数 $\pi : \mathcal{S} \times [0, \infty) \to \triangle(\mathcal{A})$, $(i, t) \mapsto \pi_{ia}(t)_{a \in \mathcal{A}}$, 其中 $\pi_{ia}(t)$ 是在时刻 t 和状态 i 时, 局中人选择动作 a 的概率. 如果策略 $d : \mathcal{S} \times [0, \infty) \to \triangle(\mathcal{A})$ 是确定的, 则该策略满足 $\forall t \geqslant 0$, $i \in \mathcal{S}$, 存在动作 $a \in \mathcal{A}$, 使得 $d_{ia}(t) = 1$ 和 $d_{ia'}(t) = 0$, $\forall a' \in \mathcal{A} \setminus \{a\}$. $\Pi_i (i \in \mathcal{S})$ 表示状态 i 的策略集, $\Pi = \Pi_1 \times \cdots \times \Pi_S$ 表示所有混合策略的笛卡儿乘积.

- $m : [0, \infty) \to \triangle(\mathcal{S})$ 是群体分布流, $\pi : [0, \infty) \to \triangle(\mathcal{A})$ 是策略分布流. 每个局中人的个体动态由 m 和 π 同时给出, 当给定初始状态分布 $x_0 \in \triangle(\mathcal{S})$ 时, 一个 MDP 的无穷小生成元是由 $Q(t)$- 矩阵给出

$$(Q^{\pi}(m(t), t))_{ij} = \sum_{a \in \mathcal{A}} Q_{ija}(m(t)) \pi_{ia}(t), \quad \forall a \in \mathcal{A},$$

其中 $Q_{ija} : \triangle(\mathcal{S}) \to \mathbb{R}$, $\forall i, j \in \mathcal{S}$, $\forall a \in \mathcal{A}$. 矩阵 $(Q_{\cdot\cdot a}(m))_{a \in \mathcal{A}}$ 是保守算子, 即 $Q_{ija}(m) \geqslant 0$, $\forall i, j \in \mathcal{S}$ 并且 $i \neq j$, 其中 $\sum_{j \in \mathcal{S}} Q_{ija}(m) = 0$, $\forall i \in \mathcal{S}$.

- $r_{ia} : \triangle(\mathcal{S}) \to \mathbb{R}$ 是实值函数, 其中 $\forall i \in \mathcal{S}, \forall a \in \mathcal{A}$, $r_{ia}(m)$ 表示在群体分布流 m 下局中人在状态 i 选择动作 a 时的瞬时回报值.

- $\gamma \in (0, 1)$ 表示折扣系数.

为了保证有限状态和有限动作空间平均场博弈的平稳平均场均衡的存在性, Neumann 给出了如下的连续性假设条件[49, 219, 222].

假设 7.1　(1) $\forall i, j \in \mathcal{S}$, $\forall a \in \mathcal{A}$, 映射 $Q_{ija} : \triangle(\mathcal{S}) \to \mathbb{R}$ 在 m 处是 Lipschitz 连续的.

(2) $\forall i \in \mathcal{S}$, $\forall a \in \mathcal{A}$, 映射 $r_{ia} : \triangle(\mathcal{S}) \to \mathbb{R}$ 在 m 处是连续的.

$\forall x_0 \in \triangle(\mathcal{S})$, 每个局中人的目标是最大化他的期望折扣回报, 定义如下:

$$V_{x_0}(\pi, m) = \mathbb{E}\left[\int_0^\infty \left(\sum_{a \in \mathcal{A}} r_{X_t^\pi(m)a}(m(t))\pi_{X_t^\pi(m)a}(t)\right) \cdot e^{-\gamma t}\mathrm{d}t\right], \qquad (7.1)$$

其中 $r_{ia}: \triangle(\mathcal{S}) \to \mathbb{R}$ 是一个实值函数. 对于一个固定的群体分布流 $m: [0, \infty) \to \triangle(\mathcal{S})$, 面临着的是一个具有期望折扣回报准则、时间非齐次回报函数、转移率的 MDP. 对于有限状态和有限动作空间平均场博弈, 由于 Q_{ija} 和 r_{ia} 是连续的, 期望折扣回报值函数 $V_{x_0}: \triangle(\mathcal{A}) \times \triangle(\mathcal{S}) \to \mathbb{R}$ 是连续的.

为了定义平稳平均场均衡, 首先需要引入平稳策略的概念. 如果存在混合策略 $\pi: \mathcal{S} \times [0, \infty) \to \triangle(\mathcal{A})$, 使得 $\pi_{ia}(t) = \pi_{ia}, \forall t \geqslant 0$, 则 π 被称作一个平稳策略. $\Pi_i^s(i \in \mathcal{S})$ 是状态 i 的平稳策略集, $\Pi^s = \Pi_1^s \times \cdots \times \Pi_S^s$ 表示所有平稳策略的笛卡儿乘积.

定义 7.1 (平均场博弈的平稳平均场均衡[49]) 如果一个策略组合 (π, m) 被称为该平均场博弈的平稳平均场均衡, 则存在一个向量 $m \in \triangle(\mathcal{S})$ 和一个稳定混合策略 $\pi \in \Pi^s$, 使得以下两个条件成立.

(1) $\forall t \geqslant 0$, 在 t 时刻, 给定初始条件 $x_0 = m(0)$, 一个 MDP $X^\pi(m)$ 的边际分布是由 m 决定的;

(2) $\forall x_0 \in \triangle(\mathcal{S})$, $V_{x_0}(\pi, m) \geqslant V_{x_0}(\tilde{\pi}, m)$, $\forall \tilde{\pi} \in \Pi$.

这个概念是平稳平均场平衡的一个合理的形式化定义. 设 $m(0) = m$, 策略组为 π, 则所有时间点的群体分布流都为 m. 如果局中人想要改变其策略 π, 则定义 7.1 的条件 (2) 确保了没有局中人可以获得更高的回报. 因此, 局中人没有动机改变均衡策略 π, 这意味着群体的确会保持在一个稳定均衡状态中, 同时任何平稳平均场均衡策略的优点在于这些策略仅依赖于与博弈支付相关的数据.

为了更好地理解该博弈模型, 给出以下一个简单的例子.

例 7.1 考虑由 Kolokoltsov 和 Malafeyev[217] 引入的腐败模型的一个简化版本, 其目标是捕捉社会压力对腐败在社会中蔓延的影响. 在该模型中, 局中人处于腐败 (corruption, C)、诚实 (honest, H)、保守 (reserved, R) 三种状态中的一种, 将局中人三种状态的工资分别设置为 $r_C = 10$, $r_H = 5$, $r_R = 0$. 设局中人不保守, 局中人可以选择是否维持腐败/诚实或者是否改变行为. 社会压力有两个方面的影响: 一是腐败的局中人越多, 腐败的压力就越大; 二是局中人越诚实, 被判腐败比率就越高. 为了简化文献 [217] 模型, 假设不存在判定局中人有罪的委托代理, 即忽略模型的这一特征.

形式上, $\mathcal{S} = \{C, H, R\}$ 表示状态集合, $\mathcal{A} = \{改变, 保持\}$ 表示动作集合. 在状态 C 时, 局中人以比率 $q_{\mathrm{soc}}m_H$ 转移到状态 R, 这增加了局中人在状态 H 处的份额 m_H. 如果局中人选择动作保持, 则局中人从状态 C 转移到状态 H 的比率为 0; 如果局中人选择动作改变, 则比率为 b. 在状态 H 时, 如果局中人选择动作保持, 则局中人转移到状态 C 的比率为 $q_{\text{inf}}m_C$; 如果局中人选择动作改变, 则局中人转移到状态 C 的比率为 $b + q_{\text{inf}}m_C$. 在状态 R 时, 局中人以比率 ι 转移到状态 H. 其他的转变不可能直接发生的, 即相应的转移比率为 0. 总之, 生成元转移率矩阵如下:

$$Q_{..改变} = \begin{pmatrix} -(b + q_{\text{soc}}m_H) & b & q_{\text{soc}}m_H \\ b + q_{\text{inf}}m_C & -(b + q_{\text{inf}}m_C) & 0 \\ 0 & \iota & -\iota \end{pmatrix},$$

$$Q_{..保持} = \begin{pmatrix} -q_{\text{soc}}m_H & 0 & q_{\text{soc}}m_H \\ q_{\text{inf}}m_C & -q_{\text{inf}}m_C & 0 \\ 0 & \iota & -\iota \end{pmatrix}.$$

单个局中人可以从任意可测映射 $\pi : \mathcal{S} \times [0, \infty) \to \triangle(\mathcal{A})$ 中选取策略, 比如当 $T \geqslant 0$ 时, 局中人可以选取的策略为

$$\pi_i(t) = \begin{cases} (e^t, e^{-t}), & \text{如果 } i = C, t \leqslant T, \\ (0, 1), & \text{否则}. \end{cases}$$

当局中人不腐败或时间大于 T 时, 根据这个策略局中人选择动作保持. 如果局中人处于腐败状态, 且 $t \leqslant T$, 则局中人选择动作改变的比率为 e^t, 选择动作保持的比率为 $1 - e^t$. 确定性策略的示例为

$$\pi_i(t) = \begin{cases} (1, 0), & \text{如果 } i = C, t \leqslant T, \\ (0, 1), & \text{否则}, \end{cases}$$

并且确定性平稳策略的示例为

$$\pi_i(t) = \begin{cases} (1, 0), & \text{如果 } i = C, \\ (0, 1), & \text{否则}. \end{cases}$$

支付函数被表示为

$$r_{C,保持}(m) = r_{C,改变}(m) = 10,$$
$$r_{H,保持}(m) = r_{H,改变}(m) = 5,$$
$$r_{R,保持}(m) = r_{R,改变}(m) = 0.$$

因此个体控制问题可被描述如下: 给定一个 Lipschitz 连续函数 $\pi : \mathcal{S} \times [0, \infty) \to \triangle(\mathcal{A})$, 局中人选择一个策略 π 使得期望折扣回报式 (7.1) 最大化, 其中局中人的

个体动力学由初始分布为 x_0 的时间非齐次 Markov 链和生成元 $Q^\pi(m(t), t)$ 决定, 表示为

$$
\begin{aligned}
& Q^\pi(m(t), t) \\
&= \begin{pmatrix}
-(b\pi_{C,\text{改变}}(t) + q_{\text{soc}}m_H(t)) & b\pi_{C,\text{改变}}(t) & q_{\text{soc}}m_H(t) \\
b\pi_{H,\text{改变}}(t) + q_{\text{inf}}m_C(t) & -(b\pi_{H,\text{改变}}(t) + q_{\text{inf}}m_C(t)) & 0 \\
0 & \iota & -\iota
\end{pmatrix}.
\end{aligned}
$$

注 7.1　值得注意的是, 在本章中, 矩阵 $Q_{ij}^\pi(m, t)$ 与时间 t 无关, 记 $Q_{ij}^\pi(m) = Q_{ij}^\pi(m, t)$, 因此得到定义 7.1 中的条件 (1) 等价于

$$
\sum_{i \in \mathcal{S}} Q_{ij}^\pi(m)m_i = 0, \quad \forall j \in \mathcal{S}.
$$

此外, 定义 7.1 中的第二个条件要求平稳平均场均衡策略在所有初始条件和所有策略中同时获得最高可能的回报值. 由文献 [49] 的 5.1 节研究表明, 任何最优的平稳策略都满足于定义 7.1.

7.3　平均场博弈的良定性

在本节中, 将建立一类具有有限状态和有限动作空间平均场博弈的有限理性模型, 得到博弈问题的各种良定性类型, 给出平均场博弈良定性的证明方法, 本节所有这些结果都是利用了俞建在 [54] 和 [56] 中给出的方法.

7.3.1　有限理性模型与良定性

2001 年, Anderlini 和 Canning[223] 用博弈论的语言建立了有限理性的抽象模型, 它是一类带有抽象理性函数参数化的一般博弈. 但 Anderlini-Canning 的模型其假设条件太强, 很多重要的博弈论和经济学模型都无法满足. Yu 等[54,56,224-227] 对此模型进行了必要的改造, 将文献 [223] 中的假设条件大大减弱, 不仅扩大了模型的应用范围, 还得到了一系列新的相当深刻的结果.

设有限理性模型由一个四元组 $< \Lambda, X, \mathscr{L}, \Phi >$ 组成, 其中 Λ 是参数空间, X 是动作空间, Λ 和 X 是两个度量空间. $\mathscr{I}: \Lambda \times X \to 2^X$ 是一个可行映射, 而由 $\mathscr{I}$ 诱导出行为映射 $\mathscr{L}: \Lambda \to 2^X$, $\mathscr{L}(\lambda) = \{x \in X : x \in \mathscr{I}(\lambda, x)\}$, $\forall \lambda \in \Lambda$. $\Phi: \text{Graph}(\mathscr{L}) \to \mathbb{R}^+$ 是理性函数. λ 的均衡集被定义为 $E(\lambda) = \{x \in \mathscr{L}(\lambda) : \Phi(\lambda, x) = 0\}$, 并且 $\Phi(\lambda, x) = 0$ 对应于完全理性. $\forall \lambda \in \Lambda$, $\forall \zeta \geqslant 0$, λ 的 ζ-均衡集被定义为 $E(\lambda, \zeta) = \{x \in \mathscr{L}(\lambda) : \Phi(\lambda, x) \leqslant \zeta\}$, 同时 $\Phi(\lambda, x) \leqslant \zeta$ 对应于有限理性. 俞基于有限理性模型给出了良定性的一些新定义, 可参考 [54,56].

定义 7.2　(1) 如果 $\forall \lambda_n \in \Lambda$, $\lambda_n \to \lambda$, $\forall x_n \in E(\lambda_n, \zeta_n)$, 其中 $\zeta_n \to 0$, 存在 $\{x_n\}$ 的子序列 $\{x_{n_k}\}$, 使得 $x_{n_k} \to x \in E(\lambda)$, 则称 λ 是广义良定 (G-wp) 的.

(2) 如果 $E(\lambda) = \{x\}$(单点集), $\forall \lambda_n \in \Lambda$, $\lambda_n \to \lambda$, $\forall x_n \in E(\lambda_n, \zeta_n)$, 其中 $\zeta_n \to 0$, 存在 $x_n \to x$, 则称 λ 是良定 (wp) 的.

定义 7.3　(1) 如果 $\forall x_n \in E(\lambda, \zeta_n)$, 其中 $\zeta_n \to 0$, 存在 $\{x_n\}$ 的子序列 $\{x_{n_k}\}$, 使得 $x_{n_k} \to x \in E(\lambda)$, 则称 λ 是广义 Tikhonov 良定 (GT-wp) 的.

(2) 如果 $E(\lambda) = \{x\}$(单点集), $\forall x_n \in E(\lambda, \zeta_n)$, 其中 $\zeta_n \to 0$, 存在 $x_n \to x$, 则称 λ 是 Tikhonov 良定 (T-wp) 的.

定义 7.4　(1) 如果 $\forall \lambda_n \in \Lambda$, $\lambda_n \to \lambda$, $\forall x_n \in E(\lambda_n)$, 存在 $\{x_n\}$ 的子序列 $\{x_{n_k}\}$, 使得 $x_{n_k} \to x \in E(\lambda)$, 则称 λ 是广义 Hadamard 良定 (GH-wp) 的.

(2) 如果 $E(\lambda) = \{x\}$(单点集), $\forall \lambda_n \in \Lambda$, $\lambda_n \to \lambda$, $\forall x_n \in E(\lambda_n)$, 存在 $x_n \to x$, 则称 λ 是 Hadamard 良定 (H-wp) 的.

定义 7.5　(1) 如果 $\forall x_n \in X$, $\Phi(\lambda, x_n) \leqslant \zeta_n$, 其中 $\zeta_n \to 0$ 且距离 $d(x_n, \mathscr{L}(\lambda)) \to 0$, 存在 $\{x_n\}$ 的子序列 $\{x_{n_k}\}$, 使得 $x_{n_k} \to x \in E(\lambda)$, 则称 λ 是广义 Levitin-Polyak 良定 (GLP-wp) 的.

(2) 如果 $E(\lambda) = \{x\}$(单点集), $\forall x_n \in X$, $\Phi(\lambda, x_n) \leqslant \zeta_n$, 其中 $\zeta_n \to 0$, 并且距离 $d(x_n, \mathscr{L}(\lambda)) \to 0$, 存在 $x_n \to x$, 则称 λ 是 Levitin-Polyak 良定 (LP-wp) 的.

定义 7.6　(1) 如果 $\forall \lambda_n \in \Lambda$, $\lambda_n \to \lambda$, $\forall x_n \in X$, $d(x_n, \mathscr{L}(\lambda_n)) \to 0$, $\Phi(\lambda_n, x_n) \leqslant \zeta_n$, 其中 $\zeta_n \to 0$, 则存在 $\{x_n\}$ 的子序列 $\{x_{n_k}\}$, 使得 $x_{n_k} \to x \in E(\lambda)$, 则称 λ 是广义强良定 (GS-wp) 的.

(2) 如果 $E(\lambda) = \{x\}$(单点集), $\forall \lambda_n \in \Lambda$, $\lambda_n \to \lambda$, $\forall x_n \in X$, $d(x_n, \mathscr{L}(\lambda_n)) \to 0$, $\Phi(\lambda_n, x_n) \leqslant \zeta_n$, 其中 $\zeta_n \to 0$, 存在 $x_n \to x$, 则称 λ 是强良定 (S-wp) 的.

由有限理性模型定义的以上各种不同良定性类型关系如图 7.1 所示.

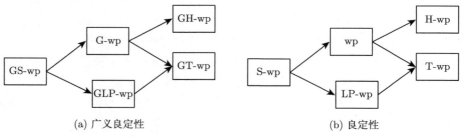

(a) 广义良定性　　　　　　　　　　　　　(b) 良定性

图 7.1　各种广义良定类型的关系 (a) 和各种良定类型的关系 (b)

注 7.2 [53–56]　由图 7.1 可知, Yu 等指出了 GS-wp 统一了 G-wp 和 GLP-wp; G-wp 统一了 GH-wp 和 GT-wp; 并且 GLP-wp 能推导出 GT-wp, 见图 7.1(a). 另外, S-wp 统一了 wp 和 LP-wp; wp 统一了 H-wp 和 T-wp; 并且 LP-wp 能

推导出 T-wp, 见图 7.1(b). 因此, GS-wp 和 S-wp 能分别推导出不同类型的良定性.

为了证明平均场博弈平稳平均场博弈的良定性, 接下来给出集值映射连续性的定义和一些引理.

定义 7.7 (集值映射的连续性[56,89,90]) 设 X 和 Y 是 Hausdorff 拓扑空间, $\mathscr{S}: X \to 2^Y$ 是集值映射, 其中 2^Y 是 Y 中的所有非空子集,

(1) 称 $\mathscr{S}$ 在 $x \in X$ 是上半连续 (upper semi-continuity, usc) 的, 如果对于 Y 中的任意开集 U, $\mathscr{S}(x) \subset U$, 存在 X 中 x 的一个开邻域 $O(x)$, 使得 $\mathscr{S}(x') \subset U, \forall x' \in O(x)$.

(2) 称 $\mathscr{S}$ 在 $x \in X$ 是下半连续 (lower semi-continuity, lsc) 的, 如果对于 Y 中的任意开集 U, $\mathscr{S}(x) \cap U \neq \varnothing$, 存在 X 中 x 的一个开邻域 $O(x)$, 使得 $\mathscr{S}(x') \cap U \neq \varnothing, \forall x' \in O(x)$.

(3) 称 $\mathscr{S}$ 在 $x \in X$ 是连续的, 如果 $\mathscr{S}$ 在 x 处既是 usc 又是 lsc 的.

(4) 如果 $\forall x \in X$, $\mathscr{S}(x)$ 是紧集, 且 $\mathscr{S}$ 在 x 是 usc 的, 则称 $\mathscr{S}$ 在 X 上是一个上半连续紧 (upper semi-continuity with nonempty compact value, usco) 映射.

(5) 如果 $\mathscr{S}$ 的图在 $X \times Y$ 中是闭集, 则称 $\mathscr{S}$ 是闭的, 其中 $\mathscr{S}$ 的图表示为 $\mathrm{Graph}(\mathscr{S}) = \{(x, y) \in X \times Y : y \in \mathscr{S}(x)\}$.

引理 7.1 [56] 设 X 和 Y 是两个度量空间, 集值映射 $\mathscr{S} : X \to 2^Y$ 是一个 usco 映射, 则 $\forall x_n \to x$, $\forall y_n \in \mathscr{S}(x_n)$, $\{y_n\}$ 必存在子序列 $\{y_{n_k}\}$, 使得 $y_{n_k} \to y \in \mathscr{S}(x)$.

7.3.2 平均场博弈的有限理性模型

设 Λ 是含有抽象有限理性函数的平均场博弈问题空间, 定义如下:

$$
\Lambda = \left\{ \lambda = (Q_{ija}, r_{ia}) : \begin{array}{l} \forall i,j \in \mathcal{S}, \forall a \in \mathcal{A}, \ \text{映射} \ Q_{ija} : \triangle(\mathcal{S}) \to \mathbb{R} \ \text{在} \ m \ \text{处是} \\ \text{Lipschitz 连续的;} \\ \forall i \in \mathcal{S}, \forall a \in \mathcal{A}, \ \text{映射} \ r_{ia} : \triangle(\mathcal{S}) \to \mathbb{R} \ \text{在} \ m \ \text{处是连续的;} \\ \text{对于任意给定的初始分布} \ x_0 \in \triangle(\mathcal{S}), \ \text{期望折扣支付函} \\ \text{数} \ V_{x_0} : \triangle(\mathcal{A}) \times \triangle(\mathcal{S}) \to \mathbb{R} \ \text{是连续的}, \ \text{那么存在一个策} \\ \text{略对} \ (\pi, m), \ \text{使得} \ V_{x_0}(\pi, m) = \max_{\tilde{\pi} \in \Pi} V_{x_0}(\tilde{\pi}, m) \end{array} \right\}.
$$

$\forall \lambda_1 = (Q_{ija}^1, r_{ia}^1)_{i,j \in \mathcal{S}, a \in \mathcal{A}}, \lambda_2 = (Q_{ija}^2, r_{ia}^2)_{i,j \in \mathcal{S}, a \in \mathcal{A}} \in \Lambda$, 定义距离如下:

$$
\rho(\lambda_1, \lambda_2)
$$
$$
= \sup_{i,j \in \mathcal{S}, a \in \mathcal{A}, m \in \triangle(\mathcal{S})} |Q_{ija}^1(m) - Q_{ija}^2(m)| + \sup_{i \in \mathcal{S}, a \in \mathcal{A}, m \in \triangle(\mathcal{S})} |r_{ia}^1(m) - r_{ia}^2(m)|.
$$

由文献 [49] 知, (Λ, ρ) 是一个完备度量空间. 为进一步研究平均场博弈的良定性, 定义 Anderlini-Canning-Yu 给出的有限理性模型, 该模型可表示为以下的一个元组

$$< \Lambda, (\triangle(\mathcal{A}), \triangle(\mathcal{S})), \mathscr{L}, \Phi >,$$

该元组满足以下 (H1)～(H3) 的假设条件.

(H1) 可行映射为 $\mathscr{I} : \Lambda \times \triangle(\mathcal{A}) \times \triangle(\mathcal{S}) \to 2^{\triangle(\mathcal{A}) \times \triangle(\mathcal{S})}$, 由 $\mathscr{I}$ 诱导出行为映射 $\mathscr{L} : \Lambda \to 2^{\triangle(\mathcal{A}) \times \triangle(\mathcal{S})}$,

$$\mathscr{L}(\lambda) = \{\pi \in \triangle(\mathcal{A}), m \in \triangle(\mathcal{S}) : (\pi, m) \in \mathscr{I}(\lambda, \pi, m)\} = \triangle(\mathcal{A}) \times \triangle(\mathcal{S}), \forall \lambda \in \Lambda.$$

显然映射 $\mathscr{L}$ 是 usc 的, $\forall \lambda \in \Lambda$, $\mathscr{L}(\lambda)$ 是一个非空紧子集. 映射 $\mathscr{L}$ 的图表示为

$$\text{Graph}(\mathscr{L}) = \{(\lambda, \pi, m) \in \Lambda \times \triangle(\mathcal{A}) \times \triangle(\mathcal{S}) : (\pi, m) \in \mathscr{L}(\lambda)\}.$$

(H2) $\forall x_0 \in \triangle(\mathcal{S})$, $\forall \lambda \in \Lambda$, $\forall (\pi, m) \in \triangle(\mathcal{A}) \times \triangle(\mathcal{S})$, 有限状态和有限动作空间平均场博弈的理性函数被定义为

$$\Phi(\lambda, \pi, m) = \max_{\tilde{\pi} \in \Pi} V_{x_0}(\tilde{\pi}, m) - V_{x_0}(\pi, m),$$

易知 $\Phi(\lambda, \pi, m) \geqslant 0$.

(H3) 平稳平均场均衡映射为 $E : \Lambda \to 2^{\triangle(\mathcal{A}) \times \triangle(\mathcal{S})}$. $\forall \lambda \in \Lambda$, $\forall \zeta \geqslant 0$, λ 的 ζ-近似均衡点集被定义为

$$E(\lambda, \zeta) = \{(\pi, m) \in \triangle(\mathcal{A}) \times \triangle(\mathcal{S}) : \Phi(\lambda, \pi, m) \leqslant \zeta\},$$

特别地, 当 $\zeta = 0$,

$$E(\lambda) = E(\lambda, 0) = \{(\pi, m) \in \triangle(\mathcal{A}) \times \triangle(\mathcal{S}) : \Phi(\lambda, \pi, m) = 0\},$$

其中 $E(\lambda)$ 表示 λ 的所有平稳平均场均衡. 显然 $E(\lambda) \neq \varnothing$, $\forall \lambda \in \Lambda$.

接下来, 需要证明有限状态和有限动作空间平均场博弈模型中理性函数 $\Phi : \Lambda \times \triangle(\mathcal{A}) \times \triangle(\mathcal{S}) \to \mathbb{R}$ 是 lsc 的.

引理 7.2　$\forall \lambda \in \Lambda$, $\forall (\pi, m) \in \triangle(\mathcal{A}) \times \triangle(\mathcal{S})$, Φ 在 (λ, π, m) 是 lsc 的.

证明　只需证明 $\forall \zeta > 0$, $\forall \lambda_n \to \lambda$, $\forall (\pi_n, m_n) \to (\pi, m)$, 存在一个正整数 $\mathbb{N}(\zeta)$, 使得 $\forall n \geqslant \mathbb{N}(\zeta)$, 有

$$\Phi(\lambda_n, \pi_n, m_n) > \Phi(\lambda, \pi, m) - \zeta,$$

即 $\forall x_0 \in \triangle(\mathcal{S})$, 满足

$$\max_{\tilde{\pi}_n \in \Pi} V_{x_0}^n(\tilde{\pi}_n, m_n) - V_{x_0}^n(\pi_n, m_n) \geqslant \max_{\tilde{\pi} \in \Pi} V_{x_0}(\tilde{\pi}, m) - V_{x_0}(\pi, m) - \zeta.$$

因 $V_{x_0}^n \to V_{x_0}$, $(\pi_n, m_n) \to (\pi, m)$ 且 V_{x_0} 在 (π, m) 是 usc 的, 则存在一个正整数 $\mathbb{N}(\zeta)$, 使得 $\forall n \geqslant \mathbb{N}(\zeta)$, 有

$$\sup_{(\pi, m) \in \triangle(\mathcal{A}) \times \triangle(\mathcal{S})} |V_{x_0}^n(\pi, m) - V_{x_0}(\pi, m)| < \frac{\zeta}{3},$$

同时

$$-V_{x_0}(\pi_n, m_n) > -V_{x_0}(\pi, m) - \frac{\zeta}{3}.$$

进而得到

$$
\begin{aligned}
&- V_{x_0}^n(\pi_n, m_n) + V_{x_0}(\pi, m) \\
&= -V_{x_0}^n(\pi_n, m_n) + V_{x_0}(\pi_n, m_n) - V_{x_0}(\pi_n, m_n) + V_{x_0}(\pi, m) \\
&> -\frac{\zeta}{3} - \frac{\zeta}{3} \\
&= -\frac{2\zeta}{3}.
\end{aligned}
$$

同时存在一个初始分布 $(\pi_0, m_0) \in \triangle(\mathcal{A}) \times \triangle(\mathcal{S})$, 使得

$$V_{x_0}(\pi_0, m_0) = \max_{\tilde{\pi} \in \Pi} V_{x_0}(\tilde{\pi}, m),$$

故

$$\max_{\tilde{\pi}_n \in \Pi} V_{x_0}^n(\tilde{\pi}_n, m_n) - \max_{\tilde{\pi} \in \Pi} V_{x_0}(\tilde{\pi}, m) \geqslant V_{x_0}^n(\pi_0, m_0) - V_{x_0}(\pi_0, m_0) > -\frac{\zeta}{3},$$

从而

$$
\begin{aligned}
\max_{\tilde{\pi}_n \in \Pi} V_{x_0}^n(\tilde{\pi}_n, m_n) - V_{x_0}^n(\pi_n, m_n) &> \max_{\tilde{\pi} \in \Pi} V_{x_0}(\tilde{\pi}, m) - V_{x_0}(\pi, m) - \frac{2\zeta}{3} - \frac{\zeta}{3} \\
&= \max_{\tilde{\pi} \in \Pi} V_{x_0}(\tilde{\pi}, m) - V_{x_0}(\pi, m) - \zeta.
\end{aligned}
$$

最后得到

$$\Phi(\lambda_n, \pi_n, m_n) > \Phi(\lambda, \pi, m) - \zeta,$$

因此, $\Phi(\lambda, \pi, m)$ 在 (λ, π, m) 是 lsc 的. $\qquad \square$

下面给出有限状态和有限动作空间平均场博弈的 GS-wp 和 S-wp 的充分条件.

定理 7.1 给定有限理性模型 $<\Lambda,(\triangle(\mathcal{A}),\triangle(\mathcal{S})),\mathscr{L},\Phi>$, $\lambda \in \Lambda$, $E(\lambda) \neq \varnothing$, 同时满足以下条件.

(1) $\mathscr{L}: \Lambda \to 2^{\triangle(\mathcal{A}) \times \triangle(\mathcal{S})}$ 在 λ 处是 usc 的且 $\mathscr{L}(\lambda)$ 是一个非空紧集;

(2) $\Phi: \Lambda \times \triangle(\mathcal{A}) \times \triangle(\mathcal{S}) \to \mathbb{R}^+$ 满足 $\Phi(\lambda, \pi, m) \geqslant 0$, 当 $(\pi, m) \in \mathscr{L}(\lambda)$, Φ 在 (λ, π, m) 是 lsc 的.

那么有

(a) λ 是 GS-wp 的;

(b) 如果 $E(\lambda) = \{(\pi, m)\}$(单点集), 则 λ 是 S-wp 的.

证明 (a) $\forall \lambda_n \in \Lambda$, $n = 1, 2, \cdots$, $\lambda_n \to \lambda$, $\forall (\pi_n, m_n) \in \triangle(\mathcal{A}) \times \triangle(\mathcal{S})$,

$$d((\pi_n, m_n), \mathscr{L}(\lambda_n)) \to 0, \quad \Phi(\lambda_n, \pi_n, m_n) \leqslant \zeta_n,$$

其中 $\zeta_n \to 0$, 存在 $(\tilde{\pi}_n, \tilde{m}_n) \in \mathscr{L}(\lambda_n)$, 使

$$d((\pi_n, m_n), (\tilde{\pi}_n, \tilde{m}_n)) \to 0.$$

因为 $\mathscr{L}$ 在 λ 是 usc 的且 $\mathscr{L}(\lambda)$ 是紧的, 由引理 7.1, 必存在 $\{(\tilde{\pi}_n, \tilde{m}_n)\}$ 的子序列 $\{(\tilde{\pi}_{n_k}, \tilde{m}_{n_k})\}$, 使得 $(\tilde{\pi}_{n_k}, \tilde{m}_{n_k}) \to (\pi, m) \in \mathscr{L}(\lambda)$. 因

$$d((\pi_{n_k}, m_{n_k}), (\tilde{\pi}_{n_k}, \tilde{m}_{n_k})) \to 0,$$

故 $(\pi_{n_k}, m_{n_k}) \to (\pi, m) \in \mathscr{L}(\lambda)$. 又因 $\Phi(\lambda, \pi, m) \geqslant 0$ 且 Φ 在 (λ, π, m) 是 lsc 的, 得到

$$0 \leqslant \Phi(\lambda, \pi, m) \leqslant \varliminf_{n_k \to \infty} \Phi(\lambda_{n_k}, \pi_{n_k}, m_{n_k}) \leqslant \varliminf_{n_k \to \infty} \zeta_{n_k} = 0,$$

从而 $\Phi(\lambda, \pi, m) = 0$. 因此 $(\pi, m) \in E(\lambda)$, 博弈 λ 是 GS-wp 的.

(b) 反证法, 设 (π_n, m_n) 不收敛于 (π, m), 则存在 (π, m) 的开邻域 $O(\pi, m)$ 和 $\{(\pi_n, m_n)\}$ 的子序列 $\{(\pi_{n_k}, m_{n_k})\}$, 使得 $(\pi_{n_k}, m_{n_k}) \notin O(\pi, m)$. 因 $E(\lambda) = \{(\pi, m)\}$(单点集), 由结论 (a) 知, 存在 $\{(\pi_n, m_n)\}$ 的子序列 $\{(\pi_{n_k}, m_{n_k})\}$, 使得 $(\pi_{n_k}, m_{n_k}) \to (\pi, m)$, 这与 $(\pi_{n_k}, m_{n_k}) \notin O(\pi, m)$ 矛盾. 因此博弈 λ 是 S-wp 的. $\square$

注 7.3 由注 7.2 和定理 7.1, 得到以下的结果是关于 Neumann 平均场博弈本质稳定性结果的[49] 推广和改进.

(a) $\forall \lambda \in \Lambda$, 如果 λ 是 GS-wp 的, 则 λ 是 G-wp(或 GT-wp, GH-wp, GLP-wp);

(b) 设 $E(\lambda) = \{(\pi, m)\}$(单点集), $\forall \lambda \in \Lambda$, 并且 λ 是 S-wp 的, 那么 λ 是 wp (或 T-wp, H-wp, LP-wp).

7.3.3 平均场博弈强良定的特征刻画

在本节中, 研究平均场博弈的 GS-wp 和 S-wp 的性质. 为得到良定性的特征刻画, 首先引入 Kuratowski 非紧性测度的概念.

定义 7.8 [56,232] 设 X 是一个度量空间, W 是一个有界子集, $W \subset X$, 同时 W 的直径被定义为

$$d(W) = \sup_{x \in X, y \in X} d(x,y),$$

则非紧性的 Kuratowski 测度为 $\alpha: W \to \mathbb{R}^+$, 表示如下:

$$\alpha(W) = \inf\left\{\varepsilon > 0: \begin{array}{l} 存在 \ X \ 中有限多个集合 \ W_i \ 满足 \ \bigcup_{i=1}^{k} W_i \supseteq W, \\ d(W_i) < \varepsilon, \forall i \in [1,k] \end{array}\right\}.$$

引理 7.3 [56,232] 设 W 是 X 的有界集, $\alpha(W) = 0$ 当且仅当 W 的闭包 $\overline{W}$ 是紧集.

给定有限状态和有限动作空间平均场博弈的有限理性模型如下:

$$< \Lambda, (\triangle(\mathcal{A}), \triangle(\mathcal{S})), \mathscr{L}, \Phi >,$$

其中 Λ 是度量空间, $\triangle(\mathcal{A}) \times \triangle(\mathcal{S})$ 是完备度量空间, $\forall \lambda \in \Lambda$, $E(\lambda) \neq \varnothing$, $\mathscr{L}: \Lambda \to 2^{\triangle(\mathcal{A}) \times \triangle(\mathcal{S})}$ 是 usc 且非空紧值的. $\forall \lambda \in \Lambda$, $\forall(\pi,m) \in \mathscr{L}(\lambda)$, $\Phi(\lambda, \pi, m) \geqslant 0$ 且 Φ 在 (λ, π, m) 是 lsc 的, $\forall \delta, \varepsilon, \zeta > 0$, 其中 $(\delta, \varepsilon, \zeta) \to (0,0,0)$, 有

$$W(\lambda, \delta, \varepsilon, \zeta) = \bigcup_{\lambda' \in B(\lambda, \delta)} \{(\pi, m) \in \triangle(\mathcal{A}) \times \triangle(\mathcal{S}) : d((\pi, m), \mathscr{L}(\lambda'))$$

$$\leqslant \varepsilon, \Phi(\lambda', \pi, m) \leqslant \zeta\}$$

$$= \bigcup_{\lambda' \in B(\lambda, \delta)} E(\lambda', \varepsilon, \zeta),$$

其中 $B(\lambda, \delta)$ 表示以 λ 为中心, δ 为半径的开球. 显然, $\forall \lambda \in \Lambda$, 满足

(i) $W(\lambda, 0, 0, 0) = E(\lambda)$;

(ii) $\forall \delta, \varepsilon, \zeta > 0$, $W(\lambda, \delta, \varepsilon, \zeta) \supseteq E(\lambda)$;

(iii) 如果 $0 \leqslant \delta_2 \leqslant \delta_1$, $0 \leqslant \varepsilon_2 \leqslant \varepsilon_1$, $0 \leqslant \zeta_2 \leqslant \zeta_1$, 则 $W(\lambda, \delta_1, \varepsilon_1, \zeta_1) \supseteq W(\lambda, \delta_2, \varepsilon_2, \zeta_2)$.

定理 7.2 (a) 如果 λ 是 GS-wp 的, 则非紧测度为 $\alpha(W(\lambda, \delta, \varepsilon, \zeta)) \to 0$, 其中 $(\delta, \varepsilon, \zeta) \to (0,0,0)$.

(b) 如果 $\mathscr{L}(\lambda)$ 是非空闭集同时非紧测度为 $\alpha(W(\lambda, \delta, \varepsilon, \zeta)) \to 0$, 其中 $(\delta, \varepsilon, \zeta) \to (0,0,0)$, 则 λ 是 GS-wp 的.

证明 (a) 对 $\triangle(\mathcal{A}) \times \triangle(\mathcal{S})$ 中任意序列 $\{(\pi_n, m_n)\} \subset E(\lambda)$, 则 $(\pi_n, m_n) \in W(\lambda, \delta_n, \varepsilon_n, \zeta_n)$, 其中 $(\delta_n, \varepsilon_n, \zeta_n) \to (0, 0, 0)$, 因为博弈 λ 是 GS-wp 的, 必存在 $\{(\pi_n, m_n)\}$ 的子序列 $\{(\pi_{n_k}, m_{n_k})\}$, 使得 $(\pi_{n_k}, m_{n_k}) \to (\pi, m) \in E(\lambda)$, 因此 $E(\lambda)$ 必是紧集. $\forall \kappa > 0$, 存在 $E(\lambda)$ 的开覆盖 C_κ, 其中 C_κ 由有限个直径小于或等于 κ 的开集组成. 接下来, 只需要证明当 $\delta > 0$, $\varepsilon > 0$, $\zeta > 0$ 充分小时, 有 $\alpha(W(\lambda, \delta, \varepsilon, \zeta)) \leqslant \kappa$, 从而必有 $\alpha(W(\lambda, \delta, \varepsilon, \zeta)) \to 0$, 其中 $(\delta, \varepsilon, \zeta) \to (0, 0, 0)$.

反证法, 如果以上结论不成立, 则存在 $\delta_n, \varepsilon_n, \zeta_n > 0$, $(\delta_n, \varepsilon_n, \zeta_n) \to (0, 0, 0)$ 和 $\triangle(\mathcal{A}) \times \triangle(\mathcal{S})$ 中的序列 $\{(\pi_n, m_n)\}$, 使得 $(\pi_n, m_n) \in W(\lambda, \delta_n, \varepsilon_n, \zeta_n)$, 而 $(\pi_n, m_n) \notin C_\kappa$. 因博弈 λ 是 GS-wp, 必存在 $\{(\pi_n, m_n)\}$ 的子序列 $\{(\pi_{n_k}, m_{n_k})\}$, 使得 $(\pi_{n_k}, m_{n_k}) \to (\pi, m) \in E(\lambda) \subset C_\kappa$, 因此 (π, m) 是开集 C_κ 的内点, 这与 $(\pi_{n_k}, m_{n_k}) \to (\pi, m)$ 而 $(\pi_{n_k}, m_{n_k}) \notin C_\kappa$ 矛盾.

(b) $\forall (\pi_n, m_n) \in W(\lambda, \delta_n, \varepsilon_n, \zeta_n)$, $n = 1, 2, \cdots$, 其中 $(\delta_n, \varepsilon_n, \zeta_n) \to (0, 0, 0)$, 不妨假设 $\delta_{n+1} \leqslant \delta_n$, $\varepsilon_{n+1} \leqslant \varepsilon_n$ 和 $\zeta_{n+1} \leqslant \zeta_n$, 故有 $W(\lambda, \delta_n, \varepsilon_n, \zeta_n) \supseteq W(\lambda, \delta_{n+1}, \varepsilon_{n+1}, \zeta_{n+1})$. 令 $C_n = \{(\pi_i, m_i) : i \geqslant n\}$, 则有 $W(\lambda, \delta_n, \varepsilon_n, \zeta_n) \supseteq C_n$. 因为 C_1 和 C_n 只相差 $n - 1$ 个有限点, 则它们的非紧测度相等, 即 $\alpha(C_1) = \alpha(C_n)$, $n = 2, 3, \cdots$. 又有 $\alpha(C_n) \leqslant \alpha(W(\lambda, \delta_n, \varepsilon_n, \zeta_n))$ 和 $\alpha(W(\lambda, \delta_n, \varepsilon_n, \zeta_n)) \to (0, 0, 0)$ $(n \to \infty)$, 则得到 $\alpha(C_1) = 0$. 因 $\triangle(\mathcal{A}) \times \triangle(\mathcal{S})$ 是完备度量空间, 由引理 7.3, $\overline{C_1}$ 必是紧集. 由于 $\{(\pi_n, m_n)\} \subset \overline{C_1}$, 则存在 $\{(\pi_n, m_n)\}$ 的子序列 $\{(\pi_{n_k}, m_{n_k})\}$, 使得 $(\pi_{n_k}, m_{n_k}) \to (\pi, m)$. 因 $(\pi_{n_k}, m_{n_k}) \in W(\lambda, \delta_{n_k}, \varepsilon_{n_k}, \zeta_{n_k})$ 且 $d((\pi_{n_k}, m_{n_k}), \mathscr{L}(\lambda)) \leqslant \varepsilon_{n_k}$, 则当 $n_k \to \infty$ 时, $d((\pi, m), \mathscr{L}(\lambda)) = 0$. 因 $\mathscr{L}(\lambda)$ 是闭集, 得 $(\pi, m) \in \mathscr{L}(\lambda)$.

接下来证明 $(\pi, m) \in E(\lambda)$. 由于 $\Phi(\lambda, \pi, m) \geqslant 0$ 且 Φ 对 (λ, π, m) 是 lsc 的, 有

$$0 \leqslant \Phi(\lambda, \pi, m) \leqslant \varliminf_{n_k \to \infty} \Phi(\lambda, \pi_{n_k}, m_{n_k}) \leqslant \varliminf_{n_k \to \infty} \zeta_{n_k} = 0,$$

从而 $\Phi(\lambda, \pi, m) = 0$, 因此 $(\pi, m) \in E(\lambda)$, 博弈 λ 必是 GS-wp 的. $\square$

定理 7.3 (a) 如果 λ 是 S-wp 的, 则直径 $d(W(\lambda, \delta, \varepsilon, \zeta)) \to 0$, 其中 $(\delta, \varepsilon, \zeta) \to (0, 0, 0)$.

(b) 如果 $\mathscr{L}(\lambda)$ 是非空闭集且直径 $d(W(\lambda, \delta, \varepsilon, \zeta)) \to 0$, 其中 $(\delta, \varepsilon, \zeta) \to (0, 0, 0)$, 则平均场博弈 λ 是 S-wp 的.

证明 (a) 用反证法, 如果结论不成立, 则存在 $\epsilon > 0$ 和一些序列 $\{\delta_n\}$, $\{\varepsilon_n\}$, $\{\zeta_n\}$, 其中 $\delta_n > 0$, $\varepsilon_n > 0$, $\zeta_n > 0$ 且 $(\delta_n, \varepsilon_n, \zeta_n) \to (0, 0, 0)$, 而 $d(W(\lambda, \delta_n, \varepsilon_n, \zeta_n)) \geqslant \epsilon$. 于是存在两个序列 $\{u_n\}$ 和 $\{v_n\}$, 使得 $u_n, v_n \in W(\lambda, \delta_n, \varepsilon_n, \zeta_n)$ 且 $d(u_n, v_n) > \frac{\epsilon}{2}$. 因博弈 λ 是 S-wp 的, 必有 $E(\lambda) = \{(\pi, m)\}$ (单点集), 并且 $u_n \to (\pi, m)$, $v_n \to (\pi, m)$, 故 $d(u_n, v_n) \to 0$, 这与 $d(u_n, v_n) > \frac{\epsilon}{2}$ 矛盾.

(b) 首先证明 $W(\lambda, \delta, \varepsilon, \zeta)$ 是闭的. 设 $\forall \delta, \varepsilon, \zeta > 0, \forall w_n \in W(\lambda, \delta, \varepsilon, \zeta), w_n \to w, \forall \lambda_n \to \lambda'$, 则

$$\lambda_n \in B(\lambda, \delta), \quad d(w_n, \mathscr{L}(\lambda_n)) \leqslant \varepsilon, \quad \Phi(\lambda_n, w_n) \leqslant \zeta.$$

另外设 $n \to \infty$, 有

$$\lambda' \in B(\lambda, \delta), \quad d(w, \mathscr{L}(\lambda')) \leqslant \varepsilon, \quad \Phi(\lambda', w) \leqslant \zeta,$$

从而 $w \in W(\lambda, \delta, \varepsilon, \zeta)$, 其中 $(\delta, \varepsilon, \zeta) \to (0, 0, 0)$. 因此 $W(\lambda, \delta, \varepsilon, \zeta)$ 是闭集.

$\forall (\pi_n, m_n) \in W(\lambda, \delta_n, \varepsilon_n, \zeta_n), n = 1, 2, \cdots$, 其中 $\forall \delta_n, \varepsilon_n, \zeta_n > 0$ 且 $(\delta_n, \varepsilon_n, \zeta_n) \to (0, 0, 0)$, 设 $\delta_{n+1} \leqslant \delta_n, \varepsilon_{n+1} \leqslant \varepsilon_n, \zeta_{n+1} \leqslant \zeta_n$, 则有

$$W(\lambda, \delta_n, \varepsilon_n, \zeta_n) \supseteq W(\lambda, \delta_{n+1}, \varepsilon_{n+1}, \zeta_{n+1})$$

和

$$\overline{W(\lambda, \delta_n, \varepsilon_n, \zeta_n)} \supseteq \overline{W(\lambda, \delta_{n+1}, \varepsilon_{n+1}, \zeta_{n+1})}, \quad n = 1, 2, \cdots.$$

由于 $\triangle(\mathcal{A}) \times \triangle(\mathcal{S})$ 是一个完备度量空间, 那么

$$\overline{W(\lambda, \delta_1, \varepsilon_1, \zeta_1)} \supseteq \overline{W(\lambda, \delta_2, \varepsilon_2, \zeta_2)} \supseteq \overline{W(\lambda, \delta_3, \varepsilon_3, \zeta_3)} \supseteq \cdots,$$

并且直径 $d\left(\overline{W(\lambda, \delta_n, \varepsilon_n, \zeta_n)}\right) \to 0 (n \to \infty)$. 由开覆盖定理可知, 存在唯一的 $(\pi, m) \in \triangle(\mathcal{A}) \times \triangle(\mathcal{S})$, 使得

$$\bigcap_{n=1}^{\infty} \overline{W(\lambda, \delta_n, \varepsilon_n, \zeta_n)} = \{(\pi, m)\}.$$

因 $(\pi_n, m_n) \in \overline{W(\lambda, \delta_n, \varepsilon_n, \zeta_n)}$, 有 $(\pi_n, m_n) \to (\pi, m)$. 又因 $(\pi_n, m_n) \in W(\lambda, \delta_n, \varepsilon_n, \zeta_n)$, 故

$$\lambda_n \in B(\lambda, \delta_n), d((\pi_n, m_n), \mathscr{L}(\lambda_n)) \leqslant \varepsilon_n.$$

令 $n \to \infty$, 得 $d((\pi, m), \mathscr{L}(\lambda)) = 0$, 因 $\mathscr{L}(\lambda)$ 是闭集, 得 $(\pi, m) \in \mathscr{L}(\lambda)$.

接下来证明 $(\pi, m) \in E(\lambda)$, 因 $\Phi(\lambda, \pi, m) \geqslant 0$ 且 Φ 对 (λ, π, m) 是 lsc 的, 有

$$0 \leqslant \Phi(\lambda, \pi, m) \leqslant \varliminf_{n_k \to \infty} \Phi(\lambda, \pi_{n_k}, m_{n_k}) \leqslant \varliminf_{n_k \to \infty} \varepsilon_{n_k} = 0,$$

从而 $\Phi(\lambda, \pi, m) = 0$, 因此 $(\pi, m) \in E(\lambda)$, 平均场博弈 λ 必是 S-wp 的. $\qquad\square$

注 7.4 由定理 7.2 和定理 7.3, 通过构造具有抽象理性函数的有限理性模型, 得到具有有限状态和有限动作空间平均场博弈的 GS-wp 和 S-wp 的特征刻画. 本质上是得到了该平均场博弈 GS-wp 和 S-wp 的充分必要条件.

7.4　短视调整过程学习实现平均场博弈平稳平均场均衡

本节考虑具有有限状态和有限动作空间平均场博弈, 并在腐败蔓延防治、僵尸网络防御、科学范式转变、消费者选择等领域得到广泛的应用[222]. 对于应用而言, 现在需要考虑平稳平均场均衡是否能对智能体行为进行充分的描述. 一种方法是讨论当有限时间范围趋于无穷大时, 均衡在多大程度上是动态平衡合适极限目标的问题[233]. 第二种方法是当局中人只应用某些有限理性的决策规则时, 稳定均衡在多大程度上产生. 这种方法是标准博弈论中的经典方法, 被称为学习. 本节考虑从微分包含角度设计短视调整过程学习实现平均场博弈的平稳平均场均衡. 下面的结果明确地刻画了当群体分布流恒定时所有最优平稳策略的集合, 设 $V_j^*(m)$ 表示与博弈相关的 MDP 最优性方程的唯一解, 定义为

$$O_i(m) = \underset{a \in \mathcal{A}}{\operatorname{argmax}} \left\{ r_{ia}(m) + \sum_{j \in \mathcal{S}} O_{ija}(m) V_j^*(m) \right\}.$$

进而设置

$$D(m) = \{ \hbar : \mathcal{S} \to \mathcal{A} : \hbar(i) \in O_i(m), \forall i \in \mathcal{S} \},$$

同时 Neumann[219] 已经证明了对于给定群体分布流 $m \in \Delta(\mathcal{S})$ 的平稳平均场均衡是最优的当且仅当它是 $\operatorname{conv}(D(m))$, 其中 $\operatorname{conv}(D(m))$ 表示所有确定性最优平稳策略的凸组合. 因此唯一合理的假设是群体从集合 $\operatorname{conv}(D(m))$ 中选取一个策略. 接下来描述了如果所有局中人都采用这种决策机制, 群体分布如何随时间的演化.

引理 7.4　设 $m : [0, \infty) \to \triangle(\mathcal{S})$ 是一个群体分布流, 当 $t \geqslant 0$ 时刻, 任何局中人从 $\operatorname{conv}(D(m))$ 中选取一个策略, 那么

$$\dot{m}(t) \in F(m(t)) := \operatorname{conv} \left\{ \left(\sum_{i \in \mathcal{S}} \sum_{a \in \mathcal{A}} m_i Q_{ija}(m(t)) \hbar_{ia} \right)_{j \in \mathcal{S}} : \hbar \in D(m(t)) \right\},$$

$$\tag{7.2}$$

对几乎所有的 $t \geqslant 0$.

因此, 将短视调整过程定义为由式 (7.2) 给出的在 Deimling 意义下微分包含的解, 即短视调整过程的轨迹是一个绝对连续函数 $m : [0, \infty) \to \triangle(\mathcal{S})$, 使得

$$\dot{m}(t) \in F(m(t)), \text{对于几乎所有的 } t \geqslant 0, m(0) = m_0,$$

特别地, 在不确定性、缺乏控制或各种可用动态发生的情况下, 使用微分包含作为建模工具是经典的[234]. 当分析局中人的长期行为时, 依赖于微分包含的经典存在性结果, 在假设 7.1 条件下, 微分包含的轨迹总是存在的[57].

非恒定非线性连续时间 Markov 链的极限行为不能简单地描述为标准连续时间 Markov 链的极限行为. 特别是, 对于一般的非线性连续时间 Markov 链, 观察到的现象更复杂, 正如下面的例子中讨论的那样, 有些可能的轨迹根本不收敛, 但描述边际分布的普通方程允许周期解存在. 此外, 虽然 $Q(m)$ 对于所有 $m \in \triangle(\mathcal{S})$ 都是不可约的, 但也可能存在多个平稳分布, 并且所有初始的边际分布收敛, 但不收敛于同一平稳分布. 接下来以一个生成矩阵的例子开始讨论非线性 Markov 链的极限行为, 使得描述边际分布的常微分方程允许周期解, 定义了在

$$D' = \triangle(\{1,2,3\}) \cap \left\{m \in \mathbb{R}^3 : \min\{m_1, m_2, m_3\} \geqslant 1/10\right\}$$

上的生成元转移率矩阵为

$$Q(m) = \begin{pmatrix} -Q_{\{m_2 \leqslant 1/3\}}(m) & 0 & Q_{\{m_2 \leqslant 1/3\}}(m) \\ 0 & -Q_{\{m_1 \geqslant 1/3\}}(m) & Q_{\{m_1 \geqslant 1/3\}}(m) \\ Q_{\{m_2 \geqslant 1/3\}}(m) & Q_{\{m_1 \leqslant 1/3\}}(m) & -Q_{\{m_2 \geqslant 1/3\}}(m) - Q_{\{m_1 \leqslant 1/3\}}(m) \end{pmatrix},$$

其中

$$Q_{\{m_1 \leqslant 1/3\}}(m) = \begin{cases} \dfrac{1}{m_3}\left(\dfrac{1}{3} - m_1\right), & \text{如果 } m_1 \leqslant \dfrac{1}{3}, \\ 0, & \text{否则}, \end{cases}$$

$$Q_{\{m_1 \geqslant 1/3\}}(m) = \begin{cases} \dfrac{1}{m_1}\left(m_1 - \dfrac{1}{3}\right), & \text{如果 } m_1 \geqslant \dfrac{1}{3}, \\ 0, & \text{否则}, \end{cases}$$

$$Q_{\{m_2 \leqslant 1/3\}}(m) = \begin{cases} \dfrac{1}{m_2}\left(\dfrac{1}{3} - m_2\right), & \text{如果 } m_2 \leqslant \dfrac{1}{3}, \\ 0, & \text{否则}, \end{cases}$$

$$Q_{\{m_2 \geqslant 1/3\}}(m) = \begin{cases} \dfrac{1}{m_3}\left(m_2 - \dfrac{1}{3}\right), & \text{如果 } m_2 \geqslant \dfrac{1}{3}, \\ 0, & \text{否则}. \end{cases}$$

注意到所有的转移比率都是有界 Lipschitz 连续函数, 进而满足 $Q_{ij}(m) \geqslant 0$, $\forall m \in D'$ 且 $i \neq j$. 因此, 容易找到 $\forall i, j \in \mathcal{S}$, $i \neq j$, $Q_{ij}(\cdot)$ 的扩展情形, 使得 $Q_{ij}(\cdot)$ 是 Lipschitz 连续的且满足 $Q_{ij}(m) \geqslant 0$. 通过 McShane 中的 Tietze 拓展定理[235] 可知, 在度量空间的子集上定义的 Lipschitz 连续函数可以扩展到整个空间上, 使其保持 Lipschitz 连续性. 该定理可应用于 $\triangle(\mathcal{S})$ 的闭子集上定义的所有有界的且 Lipschitz 连续函数中.

生成矩阵的选择方式在 $(1/3, 1/3, 1/3)$ 的邻域 $D' \supseteq U$ 中, 边缘的前两个分量表现为经典的谐振子, 更确切地说, 描述边际分布的常微分方程为

$$\dot{m}_1 = \begin{cases} m_1 \cdot \left(-\dfrac{1}{m_1} \left(\dfrac{1}{3} - m_2 \right) \right), & \text{如果 } m_2 \leqslant \dfrac{1}{3}, \\ m_3 \cdot \left(-\dfrac{1}{m_3} \left(m_2 - \dfrac{1}{3} \right) \right), & \text{否则} \end{cases}$$

$$= m_2 - 1/3,$$

$$\dot{m}_2 = \begin{cases} m_2 \cdot \left(-\dfrac{1}{m_2} \left(m_1 - \dfrac{1}{3} \right) \right), & \text{如果 } m_1 \geqslant \dfrac{1}{3}, \\ m_3 \cdot \left(-\dfrac{1}{m_3} \left(\dfrac{1}{3} - m_1 \right) \right), & \text{否则} \end{cases}$$

$$= m_2 - 1/3.$$

由于对称性, 则有 $\dot{m}_3 = m_1 - m_2$, 此常微分方程将会产生周期解, 例如当 $m_0 = (0.2, 0.4, 0.4)$ 时, 轨迹如图 7.2 所示.

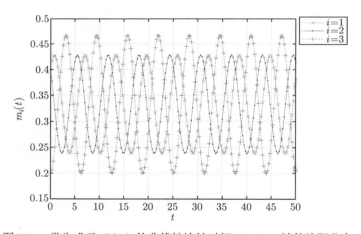

图 7.2　带生成元 $Q(m)$ 的非线性连续时间 Markov 链的边际分布

如图 7.2 所示, 微分方程 $\dot{m}_1$, $\dot{m}_2$, $\dot{m}_3$ 的数值围绕着群体分布流 $m(t) = 0.333$ 振荡, 可知随着时间迭代步数的增加, $\dot{m}_1$, $\dot{m}_2$, $\dot{m}_3$ 表现出周期性. 因此, 当初始分布流为 $m_0 = (0.2, 0.4, 0.4)$ 时, 此 3 个群体状态的常微分方程都存在周期解.

考虑的第二个例子是, 对于每个 $m \in \triangle(\mathcal{S})$, 矩阵 $Q(m)$ 是不可约的, 然后去

观察轨迹的强遍历性. 考虑

$$Q'(m) = \begin{pmatrix} -(29/3)m_1^2 - 16m_1 + 22/3 & (29/3)m_1^2 - 16m_1 + 22/3 \\ m_1^2 + m_1 + 1 & -(m_1^2 + m_1 + 1) \end{pmatrix},$$

对于所有 $m \in \triangle(\{1,2\})$ 是不可约的. 由于 $m_1^2 + m_1 + 1 \geqslant 1$, $\forall m_1 \geqslant 0$, 并且函数 $(29/3)m_1^2 - 16m_1 + 22/3$ 的最小值位于 $m_1 = 24/29$, 该点的值为 $62/87 > 0$, 则该动力学为

$$\dot{m}_1 = m_1 \cdot (-((29/3)m_1^2 - 16m_1 + 22/3)) + (1 - m_1)(m_1^2 + m_1 + 1)$$

$$= \underbrace{-(32/3)m_1^3 + 16m_1^2 - (22/3)m_1 + 1}_{:=f(m_1)}.$$

由于对称性, 状态 2 的动力学可以描述为 $\dot{m}_2 = -\dot{m}_1 = (32/3)m_1^3 - 16m_1^2 + (22/3)m_1 - 1$. 接下来, 画出 $\dot{m}_1$ 的函数如图 7.3 所示.

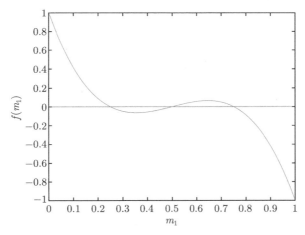

图 7.3 $\dot{m}_1$ 的函数图像 (扫描封底二维码查看彩图)

由图 7.3 可知, 在 m_1 分别取 0.25, 0.5, 0.75 时有三个由 $Q'(m)$ 给定的不动点, 其中一些是吸引的, 一些不是. 进而, 该图揭示了平均场博弈的渐近稳定行为有以下 4 种情况.

(1) 由于函数 $\mathscr{L}(\cdot)$ 在 $[0, 0.25)$ 上严格为正, 因此对于所有初始条件 $(m_0)_1 \in [0, 0.25)$, 轨迹收敛于 $m_1 = 0.25$;

(2) 由于函数 $\mathscr{L}(\cdot)$ 在 $(0.25, 0.5)$ 上严格为正, 因此对于所有初始条件 $(m_0)_1 \in (0.25, 0.5)$, 轨迹收敛于 $m_1 = 0.25$;

(3) 由于函数 $\mathscr{L}(\cdot)$ 在 $(0.5, 0.75)$ 上严格为正, 因此对于所有初始条件 $(m_0)_1 \in (0.5, 0.75)$, 轨迹收敛于 $m_1 = 0.75$;

(4) 由于函数 $\mathscr{L}(\cdot)$ 在 $(0.75, 1]$ 上严格为正, 因此对于所有初始条件 $(m_0)_1 \in (0.75, 1]$, 轨迹收敛于 $m_1 = 0.75$.

总的来说, 对于初始条件 $(m_0)_1 \in [0, 0.5)$, 轨迹收敛于 $m_1 = 0.25$, 对于初始条件 $(m_0)_1 \in (0.5, 1]$, 轨迹收敛于 $m_1 = 0.75$. 对于初始条件 $(m_0)_1 = 0.5$, 轨迹停留在稳定点 $m_1 = 0.5$. 这意味着尽管 $Q(m)$ 对于所有 $m \in \triangle(\mathcal{S})$ 是不可约的[222], 但却没有观察到轨迹的强遍历性, 而只是收敛于某个稳定分布, 这种限制选择行为如图 7.4 所示.

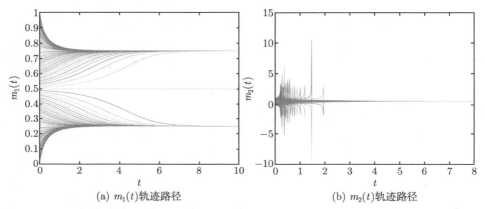

(a) $m_1(t)$轨迹路径　　　　　　　　　　(b) $m_2(t)$轨迹路径

图 7.4　在若干初始条件下, 由生成元 $Q'(m)$ 给出的非线性 Markov 链的轨迹 (扫描封底二维码查看彩图)

如图 7.4(a) 所示, 当 Markov 链的生成元转移率为 $Q'(m)$ 时, 画出状态 1 中的复制动态过程 $m_1(t)$ 的轨迹路径图, 可知在 $[0,1]$ 区间任意初始条件下, 该学习轨迹收敛到 0.25 或者 0.75. 如图 7.4(b) 所示, 画出状态 2 中的复制动态过程 $m_2(t)$ 的轨迹路径图, 可知在区间 $[0,1]$ 任意初始条件下, 该学习轨迹收敛到 0.5. 两个不同状态的学习轨迹路径最终分别收敛到函数 $f(m_1)$ 的三个均衡, 即 $\dot{m}_i(t) \in F(m(t)), i = 1, 2, \forall t \geqslant 0$.

7.5　本 章 小 结

在本章中, 基于有限理性框架, 证明了在扰动意义下具有有限状态和有限动作空间平均场博弈的良定性结论. 首先, 通过构建有限理性模型, 得到 GS-wp 统一了 G-wp, GT-wp, GH-wp, GLP-wp, 同时 S-wp 统一了 wp, T-wp, H-wp, LP-wp 的结论, 即 GS-wp 和 S-wp 可以统一各种不同的良定性类型. 进而给出了有限状态和有限动作空间平均场博弈的 GS-wp 和 S-wp 的充分条件. 其次, 通过使用非线性分析方法提供了 GS-wp 和 S-wp 的特征刻画. 对于平均场博弈的 GS-wp, 博弈近似解集是非空的同时对于平均场博弈问题近似解非紧的 Kuratowski 测度的极限趋于 0; 对于平均场博弈的 S-wp, 博弈近似解集是非空的同时对于平均场博弈问题近似解直径的极限趋于 0. 在较弱连续性假设的条件下, 本章研究的具有有限状态和有限动作空间平均场博弈的良定性结果是 Neumann 的文献 [219] 中本质稳定性结果的进一步推广和改进.

另一方面, 本章继续讨论具有有限状态和有限动作空间平均场博弈的学习问题. 将短视调整过程学习引入到有限状态和有限动作空间平均场博弈中, 局中人选择对当前群体分布将持续到未来的情况并作出最佳回应, 该定义给出了这个过程微分包含的公式, 在连续性假设下这个过程的存在性已经被证明[231]. 通过数值仿真实验表明, 在经典的不可约性条件下, 采用短视调整学习实现平稳平均场均衡及其均衡的轨迹路径.

参 考 文 献

[1] Von Neumann J, Morgenstern O. Theory of Games and Economic Behavior[M].
Princeton: Princeton University Press, 1944.

[2] Nash J. Equilibrium points in n-person games[J]. Proceedings of the National
Academy of Sciences, 1950, 36(1): 48-49.

[3] Nash J. Non-cooperative games[J]. The Annals of Mathematics, 1951, 54(2): 286-295.

[4] Bomze I M. Non-cooperative two-person games in biology: a classification[J]. Inter-
national Journal of Game Theory, 1986, 15(1): 31-57.

[5] Kunieda T, Nishimura K. Finance and economic growth in a dynamic game[J]. Dy-
namic Games and Applications, 2018, 8(3): 588-600.

[6] Wang Q, Zhao L, Guo L, et al. A generalized Nash equilibrium game model for
removing regional air pollutant[J]. Journal of Cleaner Production, 2019, 227: 522-
531.

[7] Sheng J, Zhou W, Zhu B. The coordination of stakeholder interests in environmental
regulation: lessons from China's environmental regulation policies from the perspec-
tive of the evolutionary game theory[J]. Journal of Cleaner Production, 2020, 249:
119385.

[8] Li Y, Shi L, Cheng P, et al. Jamming attacks on remote state estimation in cyber-
physical systems: a game-theoretic approach[J]. IEEE Transactions on Automatic
Control, 2015, 60(10): 2831-2836.

[9] Fudenberg D, Levine D. The Theory of Learning in Games[M]. Cambridge: MIT
Press, 1998.

[10] Aumann R J. What is game theory trying to accomplish[J]. Frontiers of Economics,
1985, 29: 28-99.

[11] Binmore K. Game Theory: A Very Short Introduction[M]. Oxford: Oxford University
Press, 2007.

[12] Aumann R J. Acceptable points in general cooperative n-person games[J]. Contribu-
tions to the Theory of Games, 1959, 4(40): 287-324.

[13] Selten R. Reexamination of perfectness concept for equilibrium points in extensive
games[J]. International Journal of Game Theory, 1975, 4(1): 25-55.

[14] Myerson R B. Refinements of the Nash equilibrium concept[J]. International Journal
of Game Theory, 1978, 7(2): 73-80.

[15] Wu W T, Jiang J H. Essential equilibrium points of N-person noncooperative
games[J]. Scientia Sinica, 1962, 11(10): 1307-1322.

[16] Kohlberg E, Mertens J F. On the strategic stability of equilibria[J]. Econometrica: Journal of the Econometric Society, 1986, 54(5): 1003-1037.

[17] Yu J, Xiang S. On essential components of the set of Nash equilibrium points[J]. Nonlinear Analysis: Theory, Methods & Applications, 1999, 38(2): 259-264.

[18] Yu J. Essential equilibria of n-person noncooperative games[J]. Journal of Mathematical Economics, 1999, 31(3): 361-372.

[19] Yu J, Luo Q. On essential components of the solution set of generalized games[J]. Journal of Mathematical Analysis and Applications, 1999, 230(2): 303-310.

[20] Yang H, Yu J. Essential components of the set of weakly Pareto-Nash equilibrium points[J]. Applied Mathematics Letters, 2002, 15(5): 553-560.

[21] Zhou Y H, Yu J, Xiang S W, et al. Essential stability in games with endogenous sharing rules[J]. Journal of Mathematical Economics, 2009, 45(3-4): 233-240.

[22] Zhou Y H, Yu J, Xiang S W. Essential stability in games with infinitely many pure strategies[J]. International Journal of Game Theory, 2007, 35(4): 493-503.

[23] Yu J, Zhou Y H. A Hausdorff metric inequality with applications to the existence of essential components[J]. Nonlinear Analysis: Theory, Methods & Applications, 2008, 69(5-6): 1851-1855.

[24] Nisan N, Roughgarden T, Tardos É, et al. Algorithmic Game Theory[M]. Cambridge: Cambridge University Press, 2007.

[25] Nabatova D S. On the convergence of the Lemke-Howson algorithm for bi-matrix games[J]. Journal of Mathematical Sciences, 2016, 216(5): 702-715.

[26] Zhang J Z, Qu B, Xiu N H. Some projection-like methods for the generalized Nash equilibria[J]. Computational Optimization and Applications, 2010, 45(1): 89-109.

[27] Herings P J, Peeters R. Homotopy methods to compute equilibria in game theory[J]. Economic Theory, 2010, 42 (1): 119-156.

[28] Roughgarden T. Computing equilibria: a computational complexity perspective[J]. Economic Theory, 2010, 42(1): 193-236.

[29] Pavlidis N G, Parsopoulos K E, Vrahatis M N. Computing Nash equilibria through computational intelligence methods[J]. Journal of Computational and Applied Mathematics, 2005, 175(1): 113-136.

[30] Shapley L S. Stochastic games[J]. Proceedings of the National Academy of Sciences, 1953, 39(10): 1095-1100.

[31] Sutton R S, Barto A G. Reinforcement Learning: An Introduction[M]. Cambridge: MIT Press, 1998.

[32] Asienkiewicz H, Balbus U. Existence of Nash equilibria in stochastic games of resource extraction with risk-sensitive players[J]. TOP, 2019, 27(3): 502-518.

[33] Shoham Y, Powers R, Grenager T. Multi-agent reinforcement learning: a critical survey[J]. Technical Report, Stanford University, 2003(288).

[34] Bowling M, Veloso M. Multiagent learning using a variable learning rate[J]. Artificial Intelligence, 2002, 136(2): 215-250.

[35] Hu J, Wellman M P. Multiagent reinforcement learning: theoretical framework and an algorithm[C]//International Conference on Machine Learning, 1998, 98: 242-250.

[36] Littman M L. Friend-or-foe Q-learning in general-sum games[C]//International Conference on Machine Learning, 2001, 1: 322-328.

[37] Greenwald A, Zinkevich M, Kaelbling P. Correlated Q-learning[C]//International Conference on Machine Learning, 2003, 3: 242-249.

[38] Zhang K Q, Yang Z R, Bašar T. Multi-agent reinforcement learning: a selective overview of theories and algorithms[J]. Handbook of Reinforcement Learning and Control, 2021: 321-384.

[39] Hu J L, Wellman M P. Nash Q-learning for general-sum stochastic games[J]. Journal of Machine Learning Research, 2003, 4(2023): 1039-1069.

[40] Mazumdar E, Ratliff L J, Sastry S, et al. Policy gradient in linear quadratic dynamic games has no convergence guarantees[J]. Smooth Games Optimization and Machine Learning Workshop: Bridging Game, 2019.

[41] Blum A, Monsour Y. Learning, Regret Minimization, and Equilibria[M]//Nisan N, Roughgarden T, Tardos E, et al. eds. Algorithmic Game Theory, Cambridge: Cambridge University Press, 2007: 79-102.

[42] Klos T, van Ahee G J, Tuyls K. Evolutionary dynamics of regret minimization[C]//Joint European Conference on Machine Learning and Knowledge Discovery in Databases, Berlin, Heidelberg: Springer, 2010: 82-96.

[43] Hansen N, Müller S D, Koumoutsakos P. Reducing the time complexity of the derandomized evolution strategy with covariance matrix adaptation(CMA-ES)[J]. Evolutionary Computation, 2003, 11(1): 1-18.

[44] Huang M Y, Malhamé R P, Caines P E. Large population stochastic dynamic games: closed-loop McKean-Vlasov systems and the Nash certainty equivalence principle[J]. Communications in Information and Systems, 2006, 6(3): 221-252.

[45] Lasry J M, Lions P L. Mean field games[J]. Japanese Journal of Mathematics, 2007, 2(1): 229-260.

[46] Guéant O. A reference case for mean field games models[J]. Journal De Mathématiques Pures et Appliquées, 2009, 92(3): 276-294.

[47] Adlakha S, Johari R. Mean field equilibrium in dynamic games with strategic complementarities[J]. Operations Research, 2013, 61(4): 971-989.

[48] Light B, Weintraub G Y. Mean field equilibrium: uniqueness, existence, and comparative statics[J]. Operations Research, 2022, 70(1): 585-605.

[49] Neumann B A. Essential stationary equilibria of mean field games with finite state and action space[J]. Mathematical Social Sciences, 2022, 120: 85-91.

[50] Hadamard J. Sur Les Problèmes Aux Dérivées Partielles et Leur Signification Physique[M]. Princeton: Princeton University, 1902.

[51] Tikhonov A N. On the stability of the functional optimization problem[J]. USSR Computational Mathematics and Mathematical Physics, 1966, 6(4): 28-33.

[52] Levitin E S, Polyak B T. Convergence of minimizing sequences in conditional extremum problem[J]. Doklady Akademii Nauk SSSR, 1966, 7: 764-767.

[53] Yang H, Yu J. Unified approaches to well-posedness with some applications[J]. Journal of Global Optimization, 2005, 31(3): 371-381.

[54] 俞建. 关于良定问题 [J]. 应用数学学报, 2011, 34(6): 1007-1022.

[55] Yu J, Yang H, Yu C. Well-posed Ky Fan's point, quasi-variational inequality and Nash equilibrium problems[J]. Nonlinear Analysis: Theory, Methods & Applications, 2007, 66(4): 777-790.

[56] 俞建. 有限理性与博弈论中平衡点集的稳定性 [M]. 北京: 科学出版社, 2017.

[57] Neumann B A. A myopic adjustment process for mean field games with finite state and action space[J]. International Journal of Game Theory, 2024, 51(1): 159-195.

[58] Guo X P, Hernández-Lerma O. Continuous-Time Markov Decision Processes: Theory and Applications[M]. Berlin, Heidelberg: Springer-Verlag, 2009.

[59] Mouzouni C. On quasi-stationary mean field games models[J]. Applied Mathematics & Optimization, 2020, 81(3): 655-684.

[60] Pearson M, La Mura P. Simulated annealing of game equilibria: a simple adaptive procedure leading to Nash equilibrium[C]//Proc of International Workshop on the Logic and Strategy of Distributed Agents, 2000: 14-19.

[61] Sureka A, Wurman P. Using tabu best-response search to find pure strategy Nash equilibria in normal form games[C]//Proc of AAMASO-05. 2005: 1023-1029.

[62] 隗立涛, 修乃华. 基于启发搜索算法的纳什均衡计算 [J]. 北京交通大学学报, 2007, 31(3): 58-62.

[63] 陈士俊, 孙永广, 吴宗鑫. 一种求解 NASH 均衡解的遗传算法 [J]. 系统工程, 2001, 19(5): 67-70.

[64] 邱中华, 高洁, 朱跃星. 应用免疫算法求解博弈问题 [J]. 系统工程学报, 2006, 21(4): 398-404.

[65] 余谦, 王先甲. 基于粒子群优化求解纳什均衡的演化算法 [J]. 武汉大学学报 (理学版), 2006, 52(1): 25-29.

[66] 王志勇, 韩旭, 许维胜, 等. 基于改进蚁群算法的纳什均衡求解 [J]. 计算机工程, 2010, 36(14): 166-168, 171.

[67] Simon H A. The New Science of Management Decision[M]. Upper Saddle Piuer: Prentice-Hall Inc., 1977.

[68] 包子阳, 余继周, 杨杉. 智能优化算法及其 MATLAB 实例 [M]. 3 版. 北京: 电子工业出版社, 2021: 109-117.

[69] Eberhart R C, Kennedy J. A new optimizer using particle swarm theory[C]// Proceedings of Sixth International Symposium on Micro Machine and Human Science. LEEE, 1995: 39-43.

[70] Shi Y H, Eberhart R C. A modified particle swarm optimizer[C]//1998 IEEE International Conference on Evolutionary Computation Proceedings. IEEE World Congress

on Computational Intelligence (Cat. No. 98TH8360), Anchorage, AK, USA, 1998: 69-73.

[71] 黄席樾, 向长城, 殷礼胜. 现代智能算法理论及应用 [M]. 2 版. 北京: 科学出版社, 2009.

[72] Chen H L, Li C Y, Mafarja M, et al. Slime mould algorithm: a comprehensive review of recent variants and applications[J]. International Journal of Systems Science, 2023, 54(1): 204-235.

[73] Li S, Chen H, Wang M, et al. Slime mould algorithm: a new method for stochastic optimization[J]. Future Generation Computer Systems, 2020, 111: 300-323.

[74] Storn R, Price K. Differential evolution-a simple and efficient heuristic for global optimization over continuous spaces[J]. Journal of Global Optimization, 1997, 11: 341-359.

[75] Kurup D G, Himdi M, Rydberg A. Synthesis of uniform amplitude unequally spaced antenna arrays using the differential evolution algorithm[J]. IEEE Transactions on Antennas Propagation, 2003, 51(9): 2210-2217.

[76] 包子阳, 陈客松, 何子述, 等. 基于改进差分进化算法的圆阵稀布方法 [J]. 系统工程与电子技术, 2009, 31(3): 497-499.

[77] Deng W, Xu J, Song Y, et al. Differential evolution algorithm with wavelet basis function and optimal mutation strategy for complex optimization problem[J]. Applied Soft Computing, 2021, 100: 106724.

[78] Fan H Y, Lampinen J. A trigonometric mutation operation to differential evolution[J]. Journal of Global Optimization, 2003, 27(1): 105-129.

[79] Lin C, Qing A, Feng Q. A new differential mutation base generator for differential evolution[J]. Journal of Global Optimization, 2011, 49(1): 69-90.

[80] Price K, Storn R M, Lampinen J A. Differential evolution: a practical approach to global optimization[J]. New York: Springer Science and Business Media, 2005.

[81] Metropolis N, Rosenbluth A, Rosenbluth M, et al. Simulated annealing[J]. Journal of Chemical Physics, 1953, 21(161-162): 1087-1092.

[82] Singh S, Kearns M, Mansour Y. Nash convergence of gradient dynamics in general-sum games[C]//Proceedings of the 16th Conference on Uncertainty in Artificial Intelligence, 2000: 541-548.

[83] Brown G W. Iterative solution of games by fictitious play[J]. Activity Analysis of Production and Allocation, 1951, 13(1): 374-376.

[84] Watkins C J C H. Learning from Delayed Rewards[D]. Cambridge: University of Cambridge, 1989.

[85] Watkins C J C H, Dayan P. Q Learning[J]. Machine Learning, 1992, 8(3): 279-292.

[86] Renou L, Schlag K H. Minimax regret and strategic uncertainty[J]. Journal of Economic Theory, 2010, 145(1): 264-286.

[87] Carmona R, Delarue F, Lacker D. Mean field games of timing and models for bank runs[J]. Applied Mathematics & Optimization, 2017, 76(1): 217-260.

[88] Carmona R, Wang P. A probabilistic approach to extended finite state mean field games[J]. Mathematics of Operations Research, 2021, 46(2): 471-502.

[89] 俞建. 博弈论与非线性分析 [M]. 北京: 科学出版社, 2008.

[90] 俞建. 博弈论与非线性分析续论 [M]. 北京: 科学出版社, 2011.

[91] 俞建. 博弈论十五讲 [M]. 北京: 科学出版社, 2020.

[92] Osborne M J, Rubinstein A. A Course in Game Theory[M]. Cambridge, MA: MIT Press, 1994.

[93] Tan K K, Yu J, Yuan X Z. Existence theorems of Nash equilibria for non-cooperative N-person games[J]. International Journal of Game Theory, 1995, 24: 217-222.

[94] 高鹰, 谢胜利. 免疫粒子群优化算法 [J]. 计算机工程与应用, 2004, 40(6): 4-6.

[95] Lu G, Tan D J, Zhao H M. Improvement on regulating definition of antibody density of immune algorithm[C]//Proceedings of the 9th International Conference on Neural Information Processing, IEEE, 2002, 5: 2669-2672.

[96] Dejong K A. Analysis of the behavior of a class of genetic adaptive system[D]. Ann Arbor: University Michigan, 1975.

[97] 贾文生, 向淑文, 杨剑锋, 等. 基于免疫粒子群算法的非合作博弈 Nash 平衡问题求解 [J]. 计算机应用研究, 2012, 29(1): 28-31.

[98] 杨彦龙, 向淑文, 夏顺友, 等. 基于烟花算法的非合作博弈 Nash 均衡问题求解 [J]. 计算机应用与软件, 2018, 35(3): 215-218.

[99] 瞿勇, 张建军, 宋业新. 多重纳什均衡解的粒子群优化算法 [J]. 运筹与管理, 2010, 19(2): 52-55.

[100] Beasley D, Bull D R, Martin R P. A sequential niche technique for multimodal function optimization[J]. Evolutionary Computation, 1993, 1(2): 101-125.

[101] 张梅凤, 邵诚. 多峰函数优化的生境人工鱼群算法 [J]. 控制理论与应用, 2008, 25(4): 773-776.

[102] Ardagna D, Ciavotta M, Passacantando M. Generalized Nash equilibria for the service provisioning problem in multi-cloud systems[J]. IEEE Trans. Serv. Comput., 2017, 10(3): 381-395.

[103] Nagurney A, Dutta P. Supply chain network competition among blood service organizations: a generalized Nash equilibrium framework[J]. Annals of Operations Research, 2019, 275(2): 551-586.

[104] Fang X, Wen G, Huang T, et al. Distributed Nash equilibrium seeking over Markovian switching communication networks[J]. IEEE Transactions on Cybernetics, 2020, 52(6): 5343-5355.

[105] Huang T, Liu J. Fuzzy strong Nash equilibria in generalized fuzzy games with application in urban public-sports services[J]. Mathematics, 2022, 10(20): 3784.

[106] Pang J S, Fukushima M. Quasi-variational inequalities, generalized Nash equilibria, and multi-leader-follower games[J]. Computational Management Science, 2005, 2(1): 21-56.

[107] Facchinei F, Kanzow C. Penalty methods for the solution of generalized Nash equilibrium problems[J]. SIAM Journal on Optimization, 2010, 20(5): 2228-2253.

[108] Migot T, Cojocaru M G. A parametrized variational inequality approach to track the solution set of a generalized Nash equilibrium problem[J]. European Journal of Operational Research, 2020, 283(3): 1136-1147.

[109] Jia X, Sun Z, Xu L. An improved hyperplane projection method for generalized Nash equilibrium problems with extrapolation technique[J]. Optimization, 2022, 71(10): 2819-2839.

[110] Wang X. A computational approach to dynamic generalized Nash equilibrium problem with time delay[J]. Communications in Nonlinear Science and Numerical Simulation, 2023, 117: 106954.

[111] Krilašević S, Grammatico S. Learning generalized Nash equilibria in monotone games: a hybrid adaptive extremum seeking control approach[J]. Automatica, 2023, 151: 110931.

[112] Xu Q, Dai X, Yu B. Solving generalized Nash equilibrium problem with equality and inequality constraints[J]. Optimization Methods and Software, 2009, 24(3): 327-337.

[113] Franci B, Grammatico S. Stochastic generalized Nash equilibrium-seeking in merely monotone games[J]. IEEE Transactions on Automatic Control, 2022, 67(8): 3905-3919.

[114] Chen P H. A Class of optimization methods for generalized Nash equilibrium[D]. Zhengzhou: Zhengzhou University, 2016.

[115] Deng Z H, Zhao Y. Generalized Nash equilibrium seeking algorithm design for distributed multi-cluster games[J]. Journal of the Franklin Institute, 2023, 360(1): 154-175.

[116] Migot T, Cojocaru M G. A decomposition method for a class of convex generalized Nash equilibrium problems[J]. Optimization and Engineering, 2021, 22: 1653-1679.

[117] Nie J, Tang X. Convex generalized Nash equilibrium problems and polynomial optimization[J]. Mathematical Programming, 2023, 198(2): 1485-1518.

[118] Mohtadi M M, Nogondarian K. Presenting an algorithm to find Nash equilibrium in two-person static games with many strategies[J]. Applied Mathematics and Computation, 2015, 251: 442-452.

[119] Yong L, Tuo S, Shi J, et al. Novel global harmony search algorithm for computing Nash equilibrium of bimatrix games[C]//2017 29th Chinese Control and Decision Conference (CCDC), 2017: 3781-3786.

[120] Das H K, Saha T. An algorithmic procedure for finding Nash equilibrium[J]. GANIT: Journal of Bangladesh Mathematical Society, 2020, 40(1): 71-85.

[121] Liu L P, Jia W S. A new algorithm to solve the generalized Nash equilibrium problem[J]. Mathematical Problems in Engineering, 2020, 2020(1): 1073412.

[122] Li H M, Xiang S W, Xia S Y, et al. Finding the Nash equilibria of n-person noncooperative games via solving the system of equations[J]. AIMS Mathematics, 2023, 8(6): 13984-14007.

[123] Facchinei F, Fischer A, Piccialli V. Generalized Nash equilibrium problems and Newton methods[J]. Mathematical Programming, 2009, 117(1): 163-194.

[124] 孙俊, 方伟, 吴小俊, 等. 量子行为粒子群优化: 原理及其应用 [M]. 北京: 清华大学出版社, 2011.

[125] Zhang J Z, Qu B, Xiu N H, et al. Some projection-like methods for the generalized Nash equilibria[J]. Computational Optimization and Applications, 2010, 45(1): 89-109.

[126] 贾文生, 向淑文, 杨剑锋, 等. 基于免疫粒子群算法的广义 Nash 均衡问题求解 [J]. 计算机应用研究, 2013, 30(9): 2637-2640.

[127] 史卫娟, 陈国华, 朱志斌. 利用拟变分不等式罚方法来求解广义纳什均衡问题 [J]. 信息与电脑 (理论版), 2017: 49-51.

[128] Mirjalili S, Lewis A. The whale optimization algorithm[J]. Advances in Engineering Software, 2016, 95: 51-67.

[129] Li S, Chen H, Wang M, et al. Slime mould algorithm: a new method for stochastic optimization[J]. Future Generation Computer Systems, 2020, 111: 300-323.

[130] 马晓宁, 李笑含. 基于 Tent 混沌映射的可复制的鲸鱼算法 [J]. 计算机仿真, 2022, 39(8): 363-368.

[131] Zhang Y N, Liu R J, Heidari A A, et al. Towards augmented kernel extreme learning models for bankruptcy prediction: algorithmic behavior and comprehensive analysis[J]. Neurocomputing, 2021, 430: 185-212.

[132] 胡中波. 依概率收敛差分演化算法的理论与算法设计 [D]. 武汉: 武汉理工大学, 2014.

[133] Liu J H, Zheng S Q, Tan Y. Analysis on global convergence and time complexity of fireworks algorithm[C]//2014 IEEE Congress on Evolutionary Computation (CEC), IEEE, 2014: 3207-3213.

[134] 张国强, 赵国党. 一种改进的微分进化算法求解纳什均衡问题与广义纳什均衡问题 [J]. 运筹与管理, 2023, 32(3): 36-42.

[135] Zhang J Z, Qu B, Xiu N H. Some projection-like methods for the generalized Nash equilibria[J]. Computational Optimization and Applications, 2010, 45(1): 89-109.

[136] Yu J, Wang H L. An existence theorem for equilibrium points for multi-leader-follower games[J]. Nonlinear Analysis: Theory, Methods & Applications, 2008, 69: 1775-1777.

[137] Jia W S, Xiang S W. He J H, et al. Existence and stability of weakly Pareto-Nash equilibrium for generalized multiobjective multi-leader-follower games[J]. Journal of Global Optimization, 2015, 61(2): 397-405.

[138] Saberi Z, Saberi M, Hussain O, et al. Stackelberg model based game theory approach for assortment and selling price planning for small scale online retailers[J]. Future Generation Computer Systems, 2019, 100: 1088-1102.

[139] Clempner J B, Poznyak A S. Solving transfer pricing involving collaborative and non-cooperative equilibria in Nash and Stackelberg games: centralized-decentralized decision making[J]. Computational Economics, 2019, 54(2): 477-505.

[140] Jie Y M, Choo K K R, Li M C, et al. Tradeoff gain and loss optimization against man-in-the-middle attacks based on game theoretic model[J]. Future Generation Computer Systems, 2019, 101: 169-179.

[141] Bard J F. Practical bilevel optimization: algorithms and applications[J]. The Netherlands: Kluwer Academic Publishers, 1998: 193-386.

[142] Gümüs Z H. Floudas C A. Global optimization of nonlinear bilevel programming problems[J]. Journal of Global Optimization, 2001, 20(1): 1-31.

[143] Tutuko B, Nurmaini S, Sahayu P. Optimal route driving for leader-follower using dynamic particle swarm optimization[C]//2018 International Conference on Electrical Engineering and Computer Science(ICECOS), Pangkal, Indonesia, IEEE, 2018: 45-50.

[144] Khanduzi R, Maleki H R. A novel bilevel model and solution algorithms for multi-period interdiction problem with fortification[J]. Applied Intelligence, 2018, 48(9): 2770-2791.

[145] Liu B D. Stackelberg-Nash equilibrium for multilevel programming with multiple followers using genetic algorithms[J]. Computers Math Application, 1998, 36(7): 79-89.

[146] Mahmoodi A. Stackelberg-Nash equilibrium of pricing and inventory decisions in duopoly supply chains using a nested evolutionary algorithm[J]. Applied Soft Computing Journal, 2020, 86: 105922.

[147] 梅生伟, 刘锋, 魏韡. 工程博弈论基础及电力系统应用 [M]. 北京: 科学出版社, 2016.

[148] Amouzegar M A. A global optimization method for nonlinear bilevel programming problems[J]. Systems Man and Cybernetics, 1999, 29(6): 771-777.

[149] Campbell D E. Incentives: Motivation and the Economics of Information[M]. 2nd ed., Cambridge: Cambridge University Press, 2006.

[150] Bard J F. Convex two-level optimization[J]. Mathematical Programming, 1988, 40(1): 15-27.

[151] Li H, Wang Y P, Jian Y C. A new genetic algorithm for nonlinear bilevel programming problem and its global convergence[J]. System Engineering Theory and Practice, 2005, 3(3): 62-71.

[152] Blackwell D. An analog of the minimax theorem for vector payoffs[J]. Pacific Journal of Mathematics, 1956, 6(3): 1-8.

[153] Shapley L S, Rigby F D. Equilibrium points in games with vector payoffs[J]. Naval Research Logistics Quarterly, 1959, 6(1): 57-61.

[154] Yu J, Yuan G X Z. The study of pareto equilibria for multiobjective games by fixed point and Ky Fan minimax inequality methods[J]. Computers & Mathematics with Applications, 1998, 35(9): 17-24.

[155] Yang H, Yu J. Essential components of the set of weakly Pareto-Nash equilibrium points[J]. Applied Mathematics Letters, 2002, 15(5): 553-560.

[156] 贾文生, 向淑文. 信息集广义多目标博弈弱 Pareto-Nash 平衡点的存在性和稳定性 [J]. 运筹学学报, 2015, 19(1): 9-17.

[157] Lee D S, Gonzalez L F, Periaux J, et al. Hybrid-game strategies for multi-objective design optimization in engineering[J]. Computers & Fluids, 2011, 47(1): 189-204.

[158] Radford K J. Strategic Planning: An Analytical Approach[M]. Reston, Virginia: Reston Publishing Company, 1980.

[159] Inohara T, Takahashi S, Nakano B. Integration of games and hypergames generated from a class of games[J]. Journal of the Operational Research Society, 1997, 48(4): 423-432.

[160] Srikant R, Basar T. Sequential decomposition and policy iteration schemes for M-player games with partial weak coupling[J]. Automatica, 1992, 28: 95-105.

[161] 吴艳杰, 宋业新, 曾宪海. 两人多冲突环境下的双矩阵对策集结模型 [J]. 海军工程大学学报, 2009, 21(1): 22-25, 31.

[162] 宋业新, 瞿勇, 吴艳杰. 多冲突环境下的多目标双矩阵对策集结模型 [J]. 华中科技大学学报 (自然科学版), 2009, 37(6): 32-35.

[163] Zeng X H, Song Y X, Bing L. Interactive integration model of hypergames with fuzzy preference perceptions in multi-conflict situations[C]//2009 IEEE International Conference on Intelligent Computing and Intelligent Systems, IEEE, 2009, 2: 646-650.

[164] 瞿勇, 宋业新, 张建军. 多冲突环境下混合模糊双矩阵对策的集结 [J]. 海军工程大学学报, 2010, 22(2): 1-5, 30.

[165] Baumann M, Weil M, Peters J F, et al. A review of multi-criteria decision making approaches for evaluating energy storage systems for grid applications[J]. Renewable and Sustainable Energy Reviews, 2019, 107: 516-534.

[166] Peng Y, Shi Y. Editorial: multiple criteria decision making and operations research[J]. Annals of Operations Research, 2012, 197(1): 1-4.

[167] Rashidi E, Jahandar M, Zandieh M. An improved hybrid multi-objective parallel genetic algorithm for hybrid flow shop scheduling with unrelated parallel machines[J]. The International Journal of Advanced Manufacturing Technology, 2010, 49(9): 1129-1139.

[168] Fragnelli V, Pusillo L. Multiobjective games for detecting abnormally expressed genes[J]. Mathematics, 2020, 8(3): 350, 1-12.

[169] Cai X, Zhao H, Shang S, et al. An improved quantum-inspired cooperative co-evolution algorithm with muli-strategy and its application[J]. Expert Systems with Applications, 2021, 171: 114629.

[170] Inohara T, Takahashi S, Nakano B. Integration of games and hypergames generated from a class of games[J]. Journal of the Operational Research Society, 1997, 48(4): 423-432.

[171] Nikaidô H, Isoda K. Note on non-cooperative convex game[J]. Pacific Journal of Mathematics, 1955, 5(5): 807-815.

[172] Tian J, Liu T, Jiao H. Entropy weight coefficient method for evaluating intrusion detection systems[C]//2008 International Symposium on Electronic Commerce and Security, IEEE, 2008: 592-598.

[173] Ding S, Shi Z. Studies on incidence pattern recognition based on information entropy[J]. Journal of Information Science, 2005, 31(6): 497-502.

[174] Van Veldhuizen D A, Lamont G B. Evolutionary computation and convergence to a Pareto front[C]//Proceedings of the Latebreaking Papers at the Genetic Programming 1998 Conference. Wisconsin, USA, 1998: 221-228.

[175] Schott J R. Fault Tolerant Design Using Single and Multicriteria Genetic Algorithm Optimization[M]. Cambridge: Massachusetts Institute of Technology, 1995.

[176] Zitzler E, Thiele L. Multiobjective evolutionary algorithms: a comparative case study and the strength Pareto approach[J]. IEEE Transactions on Evolutionary Computation, 1999, 3(4): 257-271.

[177] Coello C A C, Cortés N C. Solving multiobjective optimization problems using an artificial immune system[J]. Genetic Programming and Evolvable Machines, 2005, 6(2): 163-190.

[178] While L, Hingston P, Barone L, et al. A faster algorithm for calculating hypervolume[J]. IEEE Transactions on Evolutionary Computation, 2006,10(1): 29-38.

[179] Ming F, Gong W Y, Wang L. A two-stage evolutionary algorithm with balanced convergence and diversity for many-objective optimization[J]. IEEE Transactions on Systems, Man, and Cybernetics: Systems, 2022, 52(10): 6222-6234.

[180] Jiao R W, Zeng S Y, Li C H, et al. Handling constrained many-objective optimization problems via problem transformation[J]. IEEE Transactions on Cybernetics, 2020, 51(10): 4834-4847.

[181] López Jaimes A, Coello Coello C A, Aguirre H, et al. Objective space partitioning using conflict information for solving many-objective problems[J]. Information Sciences, 2014, 268: 305-327.

[182] Zhang X Y, Zheng X T, Cheng R, et al. A competitive mechanism based multi-objective particle swarm optimizer with fast convergence[J]. Information Sciences, 2018, 427: 63-76.

[183] Zhang Q F, Liu W D, Li H. The performance of a new version of MOEA/D on CEC09 unconstrained MOP test instances [C]//2009 IEEE Congress on Evolutionary Computation, 2009: 203-208.

[184] Tian Y, Zheng X T, Zhang X Y, et al. Efficient large-scale multiobjective optimization based on a competitive swarm optimizer[J]. IEEE Transactions on Cybernetics, 2020, 50(8): 3696-3708.

[185] Wu X, Chen Z Y, Liu T, et al. Improved NSGA-II and its application in BIW structure optimization[J]. Advances in Mechanical Engineering, 2023, 15(2): 1-11.

[186] Jain H, Deb K. An evolutionary many-objective optimization algorithm using reference-point based nondominated sorting approach part II: Handling constraints and extending to an adaptive approach[J]. IEEE Transactions on Evolutionary Computation, 2014, 18(4): 602-622.

[187] Zille H, Ishibuchi H, Mostaghim S, et al. A framework for large-scale multiobjective optimization based on problem transformation[J]. IEEE Transactions on Evolutionary Computation, 2018, 22(2): 260-275.

[188] Tian Y, Cheng R, Zhang X Y, et al. PlatEMO: a MATLAB platform for evolutionary multi-objective optimization[J]. IEEE Computational Intelligence Magazine, 2017, 12(4): 73-87.

[189] Mahdavi S, Shiri M E, Rahnamayan S. Metaheuristics in large-scale global continues optimization: a survey[J]. Information Sciences, 2015, 295: 407-428.

[190] Tian Y, Lu C, Zhang X Y, et al. A pattern mining-based evolutionary algorithm for large-scale sparse multiobjective optimization problems[J]. IEEE Transactions on Cybernetics, 2022, 52(7): 6784-6797.

[191] Sinha A, Malo P, Frantsev A, et al. Multi-objective Stackelberg game between a regulating authority and a mining company: a case study in environmental economics[J]. IEEE Congress on Evolutionary Computation. IEEE. 2013: 478-485.

[192] Li H M, Xiang S W, Yang Y L, et al. Differential evolution particle swarm optimization algorithm based on good point set for computing Nash equilibrium of finite noncooperative game[J]. AIMS Mathematics, 2021, 6(2): 1309-1323.

[193] Mohamed A W, Mohamed A K. Adaptive guided differential evolution algorithm with novel mutation for numerical optimization[J]. International Journal of Machine Learning and Cybernetics, 2019, 10(2): 253-277.

[194] 周艳平, 蔡素. 一种自适应差分进化算法及应用 [J]. 计算机技术与发展, 2019, 29(7): 119-123.

[195] 沈济南, 梁芳, 郑明辉. 一种新的混合差分粒子群优化算法及其应用 [J]. 四川大学学报 (工程科学版), 2014, 46(6): 38-43.

[196] Schwartz H M. Multi-agent Machine Learning: A Reinforcement Approach[M]. Hoboken, New Jersey: John Wiley & Sons, Inc., 2014.

[197] Hart S A, Mas-Colell A. A simple adaptive procedure leading to correlated equilibrium[J]. Econometrica: Journal of the Econometric Society, 2000, 68(5): 1127-1150.

[198] Jin C, Allen-Zhu Z, Bubeck S, et al. Is Q-learning provably efficient[J]. Advances in Neural Information Processing Systems, 2018, 31: 1-11.

[199] Cesa-Bianchi N, Lugosi G. Prediction, Learning, and Games[M]. Cambridge: Cambridge University Press, 2006.

[200] Zinkevich M, Johanson M, Bowling M, et al. Regret minimization in games with incomplete information[J]. Advances in Neural Information Processing Systems, 2007, 20: 1729-1736.

[201] Hilbe C, Šimsa Š, Chatterjee K, et al. Evolution of cooperation in stochastic games[J]. Nature, 2018, 559(7713): 246-249.

[202] Bubeck S, Cesa-Bianchi N. Regret analysis of stochastic and nonstochastic multi-armed bandit problems[J]. Foundations and Trends® in Machine Learning, 2012, 5(1): 1-122.

[203] Bubeck S, Munos R, Stoltz G. Pure exploration in multi-armed bandits problems[C]//Gavaldà R, Lugosi G, Zeugmann T, et al., eds. Algorithmic Learning Theory. ALT 2009. Lecture Notes in Computer Science, Berlin, Heidelberg: Springer, 2009, 5809: 23-37.

[204] Webb J N. Game Theory: Decisions, Interaction and Evolution[M]. London: Springer-Verlag London, 2007.

[205] Nowak M A, May R M. Evolutionary games and spatial chaos[J]. Nature, 1992, 359(6398): 826-829.

[206] Axelrod R, Hamilton W D. The evolution of cooperation[J]. Science, 1981, 211 (4489): 1390-1396.

[207] Guéant O. From infinity to one: the reduction of some mean field games to a global control problem[J]. Arxiv preprint arxiv:1110.3441, 2011.

[208] Gomes D A, Nurbekyan L, Pimentel E A. Economic Models and Mean-field Games Theory[M]. Brazil: IMPA, 2015.

[209] Bauso D, Tembine H, Başar T. Opinion dynamics in social networks through mean-field games[J]. SIAM Journal on Control and Optimization, 2016, 54(6): 3225-3257.

[210] Wu Y C, Wu J F, Huang M Y, et al. Mean-field transmission power control in dense networks[J]. IEEE Transactions on Control of Network Systems, 2020, 8(1): 99-110.

[211] Aurell A, Carmona R, Dayanikli G, et al. Optimal incentives to mitigate epidemics: a Stackelberg mean field game approach[J]. SIAM Journal on Control and Optimization, 2022, 60(2): S294-S322.

[212] Lacker D. Mean field games via controlled martingale problems: existence of Markovian equilibria[J]. Stochastic Processes and Their Applications, 2015, 125(7): 2856-2894.

[213] Saldi N, Başar T, Raginsky M. Markov: Nash equilibria in mean-field games with discounted cost[J]. SIAM Journal on Control Optimization, 2018, 56(6): 4256-4287.

[214] Gomes D A, Mohr J, Souza R R. Continuous time finite state mean field games[J]. Applied Mathematics & Optimization, 2013, 68(1): 99-143.

[215] Belak C, Hoffmann D, Seifried F T. Continuous-time mean field games with finite state space and common noise[J]. Applied Mathematics & Optimization, 2021, 84(3): 3173-3216.

[216] Kolokoltsov V N, Bensoussan A. Mean-field-game model for botnet defense in cyber-security[J]. Applied Mathematics & Optimization, 2016, 74(3): 669-692.

[217] Kolokoltsov V N, Malafeyev O A. Mean-field-game model of corruption[J]. Dynamic Games and Applications, 2017, 7(1): 34-47.

[218] Doncel J, Gast N, Gaujal B. Discrete mean field games: existence of equilibria and convergence[J]. Journal of Dynamics and Games, 2019, 6(3): 1-19, hal-01277098v2.

[219] Neumann B A. Stationary equilibria of mean field games with finite state and action space[J]. Dynamic Games and Applications, 2020, 10(4): 845-871.

[220] Hadikhanloo S, Silva F J. Finite mean field games: fictitious play and convergence to a first order continuous mean field game[J]. Journal de Mathématiques Pures et Appliquées, 2019, 132: 369-397.

[221] Cecchin A, Fischer M. Probabilistic approach to finite state mean field games[J]. Applied Mathematics & Optimization, 2020, 81(2): 253-300.

[222] Neumann B A. Stationary Equilibria of Mean Field Games with Finite State and Action Space: Existence, Computation, Stability, and a Myopic Adjustment Process[D]. Hamburg: Staats-und Universitätsbibliothek Hamburg Carl von Ossietzky, 2019.

[223] Anderlini L, Canning D. Structural stability implies robustness to bounded rationality[J]. Journal of Economic Theory, 2001, 101(2): 395-422.

[224] Yu C, Yu J. On structural stability and robustness to bounded rationality[J]. Nonlinear Analysis: Theory, Methods & Applications, 2006, 65(3): 583-592.

[225] Yu J, Yang Z, Wang N F. Further results on structural stability and robustness to bounded rationality[J]. Journal of Mathematical Economics, 2016, 67: 49-53.

[226] Yu C, Yu J. Bounded rationality in multiobjective games[J]. Nonlinear Analysis: Theory, Methods & Applications, 2007, 67(3): 930-937.

[227] Yu J, Yang H, Yu C. Structural stability and robustness to bounded rationality for non-compact cases[J]. Journal of Global Optimization, 2009, 44: 149-157.

[228] Cardaliaguet P, Cirant M, Porretta A. Splitting methods and short time existence for the master equations in mean field games[J]. Journal of the European Mathematical Society, 2022, 25(5): 1823-1918.

[229] Ambrose D M, Mészáros A R. Well-posedness of mean field games master equations involving non-separable local Hamiltonians[J]. Transactions of the American Mathematical Society, 2023, 376(4): 2481-2523.

[230] Cardaliaguet P, Hadikhanloo S. Learning in mean field games: the fictitious play [J]. ESAIM: Control, Optimisation and Calculus of Variations, 2017, 23(2): 569-591.

[231] Briani A, Cardaliaguet P. Stable solutions in potential mean field game systems[J]. Nonlinear Differential Equations and Applications NoDEA, 2018, 25(1): 1-26.

[232] Kuratowski C. Sur les espaces complets[J]. Fundamenta Mathematicae, 1930, 15(1): 301-309.

[233] Kolokoltsov V N, Malafeyev O A. Corruption and botnet defense: a mean field game approach[J]. International Journal of Game Theory, 2018, 47: 977-999.

[234] Aubin J P, Cellina A. Differential Inclusions: Set-Valued Maps and Viability Theory[M]. Berlin, Heidelberg: Springer, 1984.

[235] McShane J. Extension of range of functions[J]. Bulletin of the American Mathematical Society, 1934, 40(12): 837-842.

《运筹与管理科学丛书》已出版书目